口絵 1　ピラタスポーター【図 1.8】から、マカルー（8463 m）を望む
（氷河湖プロジェクトの一環として撮影）

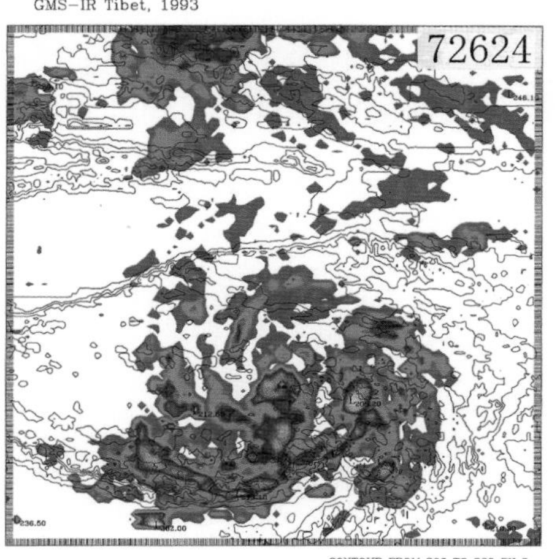

口絵 2　幾何補正した気象衛星画像で見る高原上の雲分布。1993 年 7 月 27 日、現地時間の 6 時（左）と 18 時（右）

口絵 3　キリマンジャロ山頂（右上）に続く道（2018 年 8 月 16 日撮影、標高 5850 m 付近）。奥に氷河の一端が見える

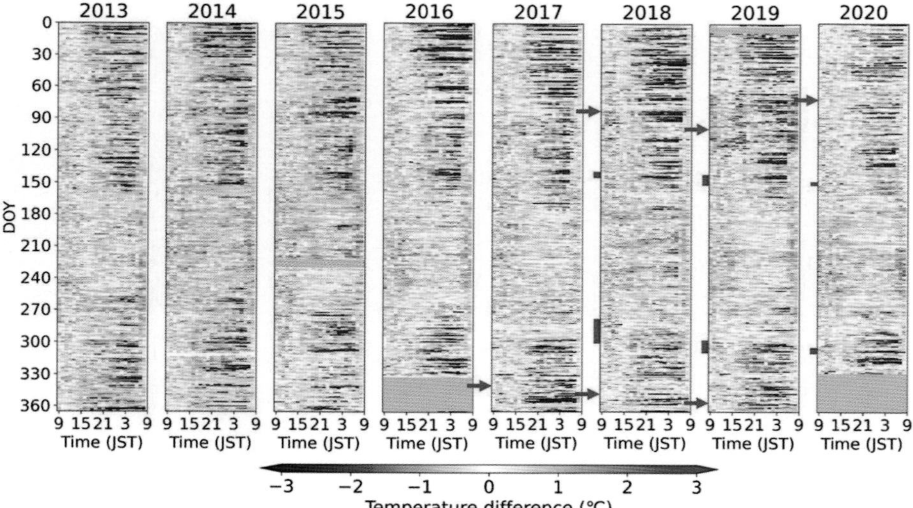

口絵 4　アメダスから菅平実験所の気温を差し引いた値を 1 月 1 日からの日数（縦軸）と時刻（横軸）の断面図で 8 年間プロットしてある。各図の中央部で青くなっている領域は夜間に冷気湖の発達を示している。灰色は欠測期間。2018 ～ 2020 年のグラフの横に示した赤四角は、菅平実験所混交林における開葉・落葉の時期を示し、青矢印は積雪の開始・消雪時期を示している（Kusunoki and Ueno, 2022 Fig. 3 を加筆修正）

口絵 5　2016 年 2 月 14 日の春一番の前（左）と後（右）で見られた積雪構造の違い（菅平牧場［標高 1500 m 付近］にて撮影）

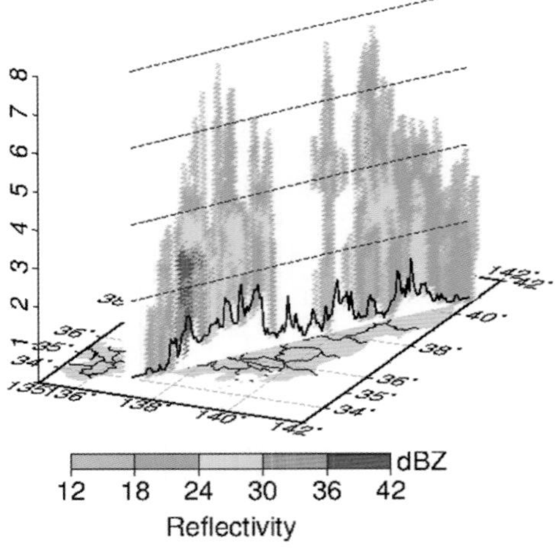

口絵 6　GPM 主衛星で日本列島を縦断して観測された降水システムの断面。縦軸は高度（km）。暖色ほど降水強度が強いことを示している（41 の文献に引用されている Sawada *et al*., 2019 Fig.8a を修正）

ようこそ、山岳と大気がおりなす世界へ

Kenichi UENO
Welcome to the world of land-atmosphere interaction in the mountains

上野 健一 著

筑波大学出版会

Welcome to the world of land–atmosphere interaction in the mountains

by Kenichi UENO

University of Tsukuba Press, Tsukuba, Japan ©2024
ISBN978-4-904074-80-0 C1044

プロローグ

突然ですが、皆さんは山と海とどちらが好きですか？　高いところは苦手、という人も多いかもしれませんが、『山岳域＝起伏域』と考えれば“山”のイメージが変わるかもしれませんよ。日本は海洋に囲まれた山国です。そのため、私たちは特有の自然観を持ち、特に天気には敏感です。地理的には、低気圧が発達しやすい大陸東岸に位置し、海洋性の気候が卓越しています。ところで、皆さんは天気が西から変化し、暖気は南から寒気は北からやってくることを当たり前だと思っていませんか。ところが、世界には海から遠く離れた山岳域や内陸域が沢山存在し、そこでは日本では経験できない特異な天候も出現します。その要因は、大気固有の運動と陸面状態が互いに作用しあい（相互作用）、天候変化に強く反映されているためです。もし海外旅行に行く機会があったら現地の天気図を見てください。世にも奇妙な気圧配置や気温分布を目にするかもしれません。これはまさに、この“相互作用”が影響した結果かもしれないのです。

この本では、フィールド研究で経験してきた山岳域における特異的な天候を紹介し、大気と陸面がどのような相互作用を生じているのかを、気象学や地球科学を専門としない人にもわかるように紐解くことを狙いとしています。同時に、現地の風土や景観がどう形成されたかを一緒に考えてみたいと思います。その意味で､地球科学の本であるとともに地理学の本でもあります。ちなみに、大気科学では時間スケールの短い大気固有の運動に起因する気象（meteorology）と、海洋や陸面状態の影響も受け長期に変動する気候（climate）という用語が使い分けられます。本書は、両者の中間スケールで、数日間の平均的な天気（weather）の状態を示す“天候”という言葉を好んで使い、この時間スケールを中心に解説を行います。最近話題となる気候変動・温暖化に関してはあまり触れません。温暖化に様々な相互作用を変調させる働きがある事は明らかですが、その因果関係に関する解釈は様々で、統合的な理解には至っていないと思うからです。

山岳域の天候というと山岳気象（Mountain meteorology）という言葉を耳にした方もいらっしゃると思います。山岳気象は、山岳が大気に及ぼす物理過程や、山岳域に特化した天気予報を担う気象学の一分野です。これと学問的に対比させるなら、本書の内容は大気陸面相互作用（Land-atmosphere interaction[1]）に属するのではないかと考えています。総観規模と呼ばれる天気図のスケールで発現する相互作用もありますが[2]、本書では、凹凸域の地表面に近い大気・水循環[3]に関して陸上で観測されるスケールを出発点として話を進めていきます。というのも、私の研究の多くが地上観測で得られたエビデンス（根拠）を原点としてきたからです。相互作用の概念を理解するのはなかなか難しいので、タイトルでは“おりなす”と表現してみました。読み進めていくにつれて概念が理解いただけるように、物理的な解説を織り交ぜています。

本書の舞台はヒマラヤ、チベット高原、そして日本の中部山岳域です。これらの舞台となる地域毎に 3 つの章を構成し、苦労話も交えて旅行記風に解説を進めていきます。3 つの地域に入りきれなかったトピックスは“コラム”として紹介しています。ほかの章を引用している部分もありますが、好きなところから読み始めてみてください。皆さんも一度は訪れてみたいと思った地域が出てくるかもしれません。まったく土地勘の無い読者の方は、各章の初めに地図帳や Google Map を開いて、対象地域を確認してみることをお薦めします。そして、これを機会に世界の地理にも興味を持っていただけたら幸いです。陸面が大気に影響を及ぼす多くの過程で水循環（特に**雲・降水系**）が関与し、重要となる因子に**土壌水分・積雪・植生**があります。そして、これらの分布は**地形**に依存します。従って、内容の一部には雪氷・水文・生態・地形学に関する内容も含まれます。

手前みそで申し訳ありませんが、本書の一番の売りは私が実際に現地で実施した研究時の体験をネタにしていることだと考えています。期日がかなり古い事例も含まれますが、地球科学では観測を企画してから成果がまとまるまでに膨大な年月がかかることもご留意ください。専門用語はなるべく使わず、高校生以上の一般の方にも読んでいただける書き方を努力しました。専門的な単語は太字にアスタリスク（＊）を付け、末尾に用語集としてまとめてあります。

専門的な教科書ではありませんので、理論に特化して学習していきたい方には不向きかもしれません。一方で、話の根拠となる原論文や重要な参考書は極力引用していますので、より深く勉強したい方は是非こちらも読み進めてみてください。

地球科学や地理学は、現象に立脚し諸分野の関係性を理解する事が重要であると言われています。科学技術が進展し、機械が現象を学習し人間が解釈できない関係性を数値で示してくれる時代となりました。膨大なデータで地球を探るためには不可欠な進歩です。一方で、若いころの原体験も皆さんの自然観の形成に影響を及ぼしていませんか？　その自然観こそ、物事の本質（Nature）を自分なりに学習し始める強いインセンティブになります。この本を通じて、天候変動に秘められた相互作用の一端を認識し、その基本的な原理が少しでも理解できれば、身の回りの自然環境を活用し、来る気候変動と共存して生きていく上で重要な糧となるはずです。自然地理学は英語で“Physical geography”と訳される事があります。Physical（自然界の法則に従った）の原点に立ち戻り、現象を観測・解析することの面白さが少しでも多くの人に伝わると良いのですが。それでは Bon voyage!

プロローグの引用文献

（1）Santanello J.A., Dirmeyer P.A., Ferguson C.R., Findell K.L., Tawfik A.B., Berg A., Ek M., Gentine P., Guillod B.P., van HeerwaaAArden C., Roundy J., and Wulfmeyer V., 2018: Land-atmosphere interactions: The LoCo perspectives. *Bull. Amer. Met. Soc.*, **99**, 1253-1272.

（2）佐藤友徳, 中村 哲, エルデンバト エンフバト, 寺村 大輝, 2019: 総観気象と大気：陸面相互作用. 低温科学 **77**, 61-70.

（3）近藤純正, 2000: 地表面に近い大気の科学. 東京大学出版会, 324 pp.

目次 ｜ ようこそ、山岳と大気がおりなす世界へ

プロローグ……iii

第１章　ネパールヒマラヤの雨……1

ヒマラヤとの出会い……1

雨の降りしきるカトマンズ……5

山で雨を測る……9

雲の中を飛ぶ……14

夜雨の正体……17

長期の気候モニタリングを目指して……23

Column 1　**レソトの水　―太平洋と大西洋の分水嶺―**……25

第２章　チベット高原の雲と降水……31

大気圧の働き……31

高原への旅……34

世界初のドップラーレーダー観測……40

地面に届かない雨……43

水はどこから？……45

冬の高原……48

Column 2　**キリマンジャロを行く　―山岳環境と共存する努力―**……54

第３章　中部山岳域の森と積雪……63

山の天候は変わりやすい？……63

それは霜柱だった……66

落葉・開葉と冷気湖の形成……72
パウダースノーが濡れている……74

Column 3 **雲南の霧、日本の雲海 ―発想のめぐり合わせ―**……82

エピローグ／出版にあたっての謝辞……89
English abstract ／ Contents……93
用語集……95

第1章

ネパールヒマラヤの雨

ヒマラヤとの出会い

私が20代の時に同行させていただいたヒマラヤでの氷河調査の話から始めましょう。まずはタイ・バンコックを経由し、ネパール・カトマンズに向かいます。飛行機ほど雲の立ち方と地形を同時に観察できる乗り物はありません。眼下に広がる景観とその成り立ちを見ていきましょう。皆さんの乗った飛行機がベンガル湾を北上するにつれ、海に流れ込む無数の川と湿地帯が現れ、耕作地と河川の氾濫原が1枚の絵のように広がります。ガンジス川の支流ですね。この川の源が第2章で紹介するチベット高原です。天候によっては海岸線に沿って内陸に侵入する雲の列が見えるかもしれません。**海風前線***です。徐々に下層の雲が増え、そのはるか後方に稜線が見えてきます。それが壁のように立ちはだかる山脈だと解る瞬間こそ、ヒマラヤとの対面となります。その中でもひと際大きく白い台座がエベレスト（またはチョモランマ）である事は一目瞭然です。"カトマンズ行きの飛行機では右の窓側を死守せよ"といわれています。この"世界一高い山"が窓から見られる確率が高いからですね。機内では、機体が傾くのでは、と思うほど乗客は窓側に吸い寄せられ、誰もが満面の笑顔で山を見つめています。本物の大自然ほど人間の心に響くものはありませんね。

エベレストの標高は8848 mですが、そもそも大気の厚さはどの程度かご存じですか？　地球科学を志す大学1年生に質問すると意外な答えが返ってきてドッキリすることがあります（汗）。定義にもよりますが、数100 kmですかね。これって厚いでしょうか？　水平距離で考えれば昔の人は歩いていた距離、新幹線ならあっという間です。一方で、地球の反対側まで歩いて行こうとする人はよほどの冒険家です。我々の住む地球が、こんなに薄い大気のベールに包まれて宇宙に浮かんでいることを想像してみてください。隕石がぶつかったら吹き飛んでしまうかもしれません。そう考えると恐ろしくなりませんか？　ところが、数1000 km も離れた火山爆発による空気の振動が日本にも津波を引き起こすというのですから、[1)]大気というのは非常に早く運動を伝播させる機能を備えていることも解かります。ついでに気象衛星ひまわりがどのくらいの高さに浮かんでいるかも調べてみましょう。地球科学ではスケール感が重要です。

次に、皆さんが目にする雲が発達する範囲（対流圏）を考えてみましょう。高さでいうと平均的に約11 km といわれています。長距離の飛行機はこのくらいの高度で飛行します。ヒマラヤはその半分を超える標高を持つ高山が連なる山脈域で、その北側には標高4000 m を超えるチベット高原が広がっています。つまり、対流圏下層でベンガル湾から夏に吹き込むモンスーンにとって、ヒマラヤは大きな障壁なのです。湿った気流の一部は雲を発達させながらヒマラヤを乗り越えますが、多くは高原を迂回してインドシナ半島北部を横断し、はるか風下の日本付近の気候の形成にも影響を及ぼしています。[2)]一方、対流圏下層は海陸面の影響を強く受けており、この部分を**大気境界層**[*]と呼びます。この層の厚さは、影響する仕組みにより様々ですが、一般的には数km 以下です。これらのスケール感を身に付けるために、ノートに身近な山の断面と大気層を描いてみましょう。次に同じ縮尺でチベット高原を入れてみましょう。たぶん入りきらないですよね。【図1.1】に日本の山とヒマラヤのスケールを、おおよその標高と幅で比較してみました。図は大まかな標高と規模を示したものですが、ヒマラヤが如何に急峻で日本の山に比べてスケールが大きいかが解かります。チベット高原も、単に平らな山が存在するのではなく、高標高の陸面が数1000 km の規模で広がっていて、図には入りきりません。その上に大気境界層が乗っかっているのですが、詳細もこのスケールでは描けません。そして、この層が大気陸面相互作用に重要な働きを持つ事を後ほど解説していきます。

ここで少しだけ“モンスーン”に触れてみたいと思います。大陸の周辺では、海と陸の大気加熱の違いから季節に応じて風向が反転する大規模な風系が発生します。この風系を季節風（モンスーン）と呼び、海から風が吹き込む季節に

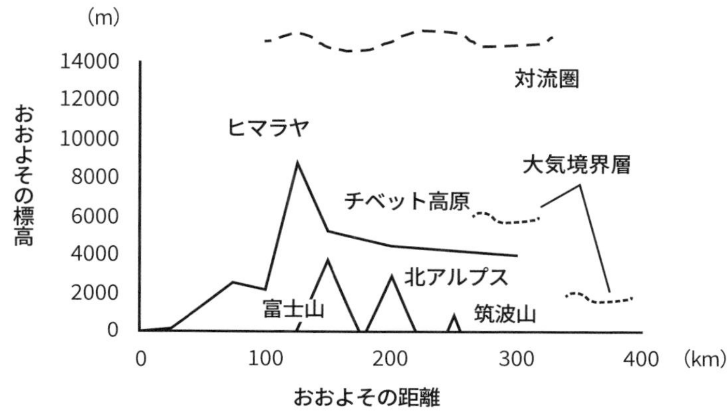

図 1.1　ヒマラヤ・チベット高原と日本の山のスケール比較。横軸はおおよその距離。大気境界層は数 km、対流圏は約 15 km の厚さと仮定している

は陸側で雨季が発生します。冬の日本海側で降る雪も冬季モンスーンによるので、“雨季”に対峙させるなら“雪季”とでも書けるかもしれません。いや、温暖化すると本当に雨季になるかもしれませんね。雨季（夏）と乾季（冬）が明瞭なヒマラヤやチベットで卓越するモンスーンは、インドモンスーンとも呼ばれます。また、雨季の前（プレ）と後（ポスト）の時期はプレモンスーン・ポストモンスーンといわれます。これらの時期は比較的天候が安定し上空の風が弱いため、ヒマラヤをトレッキングする最盛期となります。雨季にはベンガル湾やアラビア海から到来するモンスーン低気圧の影響も受け、洪水や土砂崩れが頻発します。なので、ヒマラヤ旅行を計画する人はこの時期を避けましょう。一方で、乾季の水資源を担っているのが高山の氷河です。これらの氷河がどのように維持され、高山に積もる雪がモンスーンの強弱とどのように関係しているかは、日本でも古くから多くの関心をもって研究が進められておりました[3)]。

モンスーンは海洋・大陸の影響を受けて広域で駆動する水や熱の循環系なのですが、詳細は専門書[4)]に譲ることにして、まずは身近な大気と地表面の熱のやり取りの基礎を考えてみましょう。ここで地表面とは平坦な地面ではなく、起伏に富む森や積雪など様々な土地被覆で構成されていると考えます【図 1.2】。

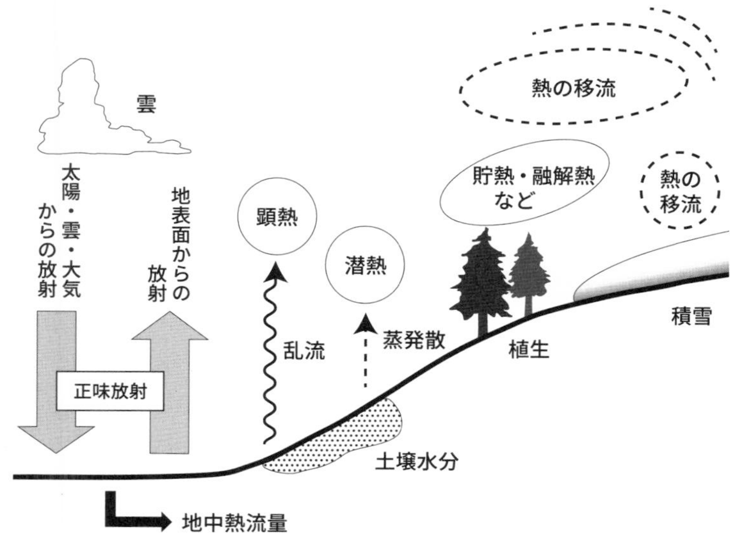

図 1.2　様々な陸面状態と放射・熱収支

地表面付近のエネルギーは、太陽からの短波放射と雲や地表面が放出する熱放射の分配（放射収支）で決まります。正味の放射量は日中に正となり地上気温が上がるのですが、その理由を“太陽光線が空気を温めているから”と答えると×。地表面が日射で温められ、**乱流***によりその熱が大気に輸送された結果です。この熱を顕熱と呼びます。日中に雲が発生すれば日射が減り顕熱も減ります。一方、土壌が湿っていれば正味放射量は蒸発に使われ、気温は上昇しにくくなります。このような水の相変化に伴う熱を潜熱と呼びます。正味放射量の一部は地中熱流量となり地中を温めます。これらの熱（エネルギー）の分配を熱収支と呼びます。陸面が雪に覆われていれば日射は反射し、森で覆われていれば地上の日射量は減り、代わりに森に貯熱され、地上付近の気温の日変化は緩和されます。皆さんが外で体感する気温変化も、実はこれらの身近な陸面状態に依存しているのです。

今までは 1 次元で熱収支を考えてきましたが、異なる気温を持つ空気塊が移動して混ざっても気温は変化します。このような効果を移流と呼びます。例えば、夜間に放射冷却で冷やされ密度が大きくなった（相対的に重い）空気は低地に移流しますから、冬場は 1 階の方が 2 階より寒い現象が生じます。明日寒くなるか暖かくなるかを判断するのに天気図を見ますね。天気図は気圧配置により広域の暖気や寒気がどこから移流してくるかを示しています。日本は偏西風が卓越する中緯度に位置し、南の海上から侵入する湿った暖気や北からの寒気が気温変化をもたらします。ところが、偏西風が弱い亜熱帯や内陸の山間部では、【図 1.2】に示したような陸面熱収支が地上付近の微気象とその日変化に大きな影響をもたらします。その度合いは地表状態に依存するため、寒暖を予報するためには陸面の状態も同時に知る必要があります。日本で見る天気予報と少しわけが違いそうですね。

少し専門的な話が続きましたので、もう一度飛行機の窓から眼下に広がる陸面の状態を眺めてみましょう。飛行機は急速に高度を低下させ、マハラバート山脈を飛び越えカトマンズ盆地に入りました。白い壁のように見えていた山々は、実は氷河を携えた鋭くとがった岩峰群と、それをえぐる深い谷から複雑に構成されていることが良く解かります。今でも隆起を続けている様相が手に取るようです。そして、山にへばりつくように無数の家屋やそれをつなぐ山道が見えてきました。日本の山は森ばかりですが、ネパールでは多くの人が山の斜面に住んでいることが解ります。地滑りの跡も見えます。プロローグにも書きましたが、山岳域を起伏で定義すれば[5)]、里山で暮らすことは起伏がもたらす恵・脅威と共存することにもなります。隆起・降水（雪と雨の総称）・浸食が同時に卓越しないと起伏は生じませんから。さて、そろそろ着陸です。しっかりシートベルトを締めてください。

雨の降りしきるカトマンズ

私が初めてカトマンズを訪れたのは 1987 年のプレモンスーン期でした。地球温暖化に伴うヒマラヤの氷河の融解と、それに伴う湖（氷河湖）の拡大・決壊の問題はそのころから既に注目されていました[6)]。日本は世界でもまれに見る雪国で、古くから雪氷学（雪や氷に関する総合的な学問）が進んでいました。人工雪を世界で初めて作った中谷先生の話はご存じの方も多いと思いますし、南極へ学術探検を送り出した歴史は 1912 年に遡ります。ヒマラヤの氷河研究に関する現地調査も盛んに行われており、私も名古屋大学と北海道大学が主導する観測[7)]に大学院生として参加させていただく事になったのです。海外調査というと金銭的にかなり負担が生じるかと思われがちですが、当時の現地の物価を考えると調査期間が長ければ航空運賃を入れても日本での生活費の元が取れると言われておりました。そして、私もその恩恵にあずかったわけです。長期滞在に備えて、北海道の山でトレーニングしたり現地に持参する乾燥食品をひたすら作ったりした記憶があります。

当初、カトマンズは“光り輝く神々の山々に囲まれた緑の高原都市”であると想像していました。ところが、現実は“雨の降りしきる泥まみれのカトマンズ”だったことを今でも記憶しています。午前中は雲の切れ間から白い岩峰が見え隠れすることもあるのですが、午後からは雲が立ち込め、夜はしとしと雨が続きます。未舗装の路地は商店と行きかう人でごった返し、熱気と異臭に包まれていました。プレモンスーン期の日中の昇温とともに閉口したのが、すさまじい状態の大気汚染です。現地の研究者と話をすると、“氷河研究もいいがこの大気汚染をなんとかしてくれ”、と言われた記憶があります。“なんとかする”ためには排出源を規制することから始めなければなりません。海外からの支援で電気自動車への置き換えを促した時期もあったようですが、人口集中に伴う都市発展でそう簡単に大気汚染を止める事はできません。大気汚染の元となるエアロゾルの起源は実はカトマンズ盆地に限ったことではなく、ネパールの南に広がるインドからもやってきます。このエアロゾルがヒマラヤやチベット高原に流入する事でモンスーン循環そのものに影響を及ぼしているという指摘もあります。[8)]実をいうと、大学の卒業研究時代に、日本海側で降る新雪に含まれる塩分比率や人為的な成分が平地と山岳域でどのように分布するかを調べていた時期がありました。[9)]大気中のエアロゾルは雲を形成する核として重要な働きを持つ一方で、降水そのものによって洗い流される効果もあります。カトマンズでも雨季に近づくと降雨頻度が増え、大気汚染も収まる傾向が見られるのですが、この時にエアロゾルが雲・降水活動にどのような影響を及ぼしているのかは今でも興味ある研究課題だと思っています。

人口の集中するカトマンズでは水の問題も深刻です。日本以上の降水量にもかかわらず、なぜ不足するのか。これには大河川に恵まれ上下水道が完備され

図 1.3　水で動くマニ車
（JP Lama 氏提供）

た先進国とは異なる事情があるようです。前章の熱収支で地面が湿ると、と簡単に書きましたが、水文学的には地表面の水（地表水）と地中の水（地下水）では挙動が大きく異なります。カトマンズでは大雨になると地表水が地下水とともにあふれ、町は水浸しです。上水道が完備されていない発展途上国では飲み水を井戸水に依存することが多いのですが、傷んだ水道管に汚れた地下水が入り込むため、上水も汚れた状態となります。一見おしゃれなレストランで高級な料理が出てきても、その裏でどのように食材を調理し食器を洗っているか、食欲旺盛だった当時の自分は想像もしませんでした。おかげで何度となく腹を下すありさまです。日本では当たり前のように衣食住すべてで“きれいな水”を使用していますが、これがすべて汚れていたらどうしますか？　水力発電に依存しているネパールでは、乾季になると水源が不足し大都市の停電も頻繁に発生していました。とにかく町の生活はこんな状況でしたので、カトマンズに着いて 1 週間で、私の中には“早く日本に帰りたい病”が蔓延しました。

ここで山に降水が生じる重要性を考えてみたいと思います。水道の蛇口をひねるとなぜ水は出てくるのでしょうか？　高所に蓄えられた水の圧力がかかっているからですね。“山岳は貯水タンク”と言われる所以です。その高所に水が持ち上げられる重要な役割を果たしているのが大気による水蒸気輸送と降水過程です。氷河は大きな貯水タンクですが、降雪により高標高で“涵養（かんよう）”され、ベルトコンベアーのようにゆっくりと流れながら低標高で“消耗”しています。このバランスが崩れると、氷河の末端が伸びたり縮小したりするのです。ネパールの氷河は雨季に涵養と消耗が同時に発生する特徴を持ちます。[10] これがモンスーンの影響を受けにくいスイスなどの氷河と大きく異なる点です。ネパールでは氷河からの河川水を小規模水力発電に利用し、山村のエネルギー源とする努力がなされています。エベレストの麓で観光を支える電気も賄われて

図 1.4　ネパール・トラカンディン氷河の末端で発達したツォ・ロルパ氷河湖（名古屋大学・藤田耕史氏提供、2007 年 11 月に撮影）

おり、まさに Sustainable Development Goals（SDGs）ですね。水力は思わぬところでも活躍しています。ヒマラヤなどのチベット仏教圏では道端にマニ車(マニぐるま、マニュアル車ではありません）を見かけることが良くあります。お経が収められた円筒形の仏具で、信者が手で回転させることにより功徳を得られると信じられています。このマニ車が水力で自動的に動いている様子を見かけることがあります。写真を【図 1.3】に示しました。横着なようにも見えますが、宗教も生活の一部であるチベットの人々にとっては自然と共生する素晴らしい技術だと感心しました。

海外援助による水力発電の拡大も期待されている一方で、ここでも温暖化の問題が立ちはだかります。近年、ヒマラヤの氷河の後退は著しく、氷河が U 字状に削った窪地に巨大な氷河湖が形成されています【図 1.4】。これが何らかのきっかけで決壊すると、一度に多量の水が洪水として下流に流れ出し、発電所や村を押し流します。これが GLOF と呼ばれる氷河湖決壊洪水です[7]。温暖化により氷河からの水資源の枯渇が心配される一方で、このような極端な洪水も発生するとは皮肉な話ですね。

山で雨を測る

高山に降水が生じることの重要性は解かりましたが、そもそも、ヒマラヤではどれだけの量の降水がどのような時に生じ、そのうち何割が雪として氷河の涵養に寄与しているのでしょうか？　これを把握するためには、ヒマラヤで雨（または雪）が降る仕組みを解き明かす必要があります。近代気象学では数値モデルにより現象を再現し分析する方法が主流となっており、正確なモデルを構築し運用するためにも現象に即した降水過程を理解しなければなりません。そもそも水が天から落ちてくること自体、大変神秘的だと思いませんか？　その中でも、私たちが忘れがちなのは大気中に気体として含まれる水蒸気の挙動です。水蒸気は上昇気流により凝結して雲を作り、雨粒や雪片に成長して地上に到達し、ようやく降水量として換算されます。日本では**アメダス***や**気象レーダー***観測により降水量の分布を把握します。しかし、ヒマラヤのような高山でどれだけ降水が生じているかを量的に把握するのは並大抵のことではありません。

ここで、降水量の単位を確認しましょう。水として地面に溜まった深さを mm 単位で表現するのですが、どの程度の時間をかけて溜まったかという強度が、実は雨の降り方と要因を知る上で非常に重要です。例えば時間降水量の単位は mm/h で表現します。近年、集中豪雨や大雪という用語も使われますが、これも単位時間をどう考えるかによって、想定される要因は異なります。皆さんはどの程度の時間スケールで大雨・大雪を考えていますか？　また、雨量計で測定した時間降水量分布は点での積算量ですが、レーダーは電波による瞬時値を時間降水量に換算して面的な降水強度分布を把握しています。ではレーダー観測が万能かというと、レーダーは空中の雨滴を計測しており山岳域では電波が地形で遮蔽される領域が生じます。ヒマラヤのようにそもそもレーダー観測網が整備されていない地域は世界には沢山あります。その意味で、雨量計は今でも降水観測に不可欠な測器となっています。

ネパールでも水文気象局（日本の気象庁に相当する機関）が雨量計の観測網を配備しています。しかし、その多くが低地（谷間や盆地）の市街地近傍に集中し、当時は日単位で手動で計測したデータがほとんどでした。そこで、“氷河地域で時間降水量の変動を把握せよ”というのが私に課せられたミッションでした。標高に応じて降水が生じる時間帯が異なるという先行の研究があり、その要因を突き止めるのは非常に興味ある課題だと思いました。というのも、**降水形態***は標高（気温）に依存する傾向があるからです。“ミッション”などというとかっこいいですが、現実的には1人で気象レーダーを建設するわけにはいきません。まずは誰もが考え付く“雨量計ばらまき作戦”で打って出ることにしました。ばらまくほど雨量計はありませんから、現地で入手できるペットボトルを使ったお手製の貯留式雨量計も投入です。さらに、雨量計データと気象衛星ひまわりから得られる雲活動情報を帰国後に比較し、衛星データから空間的に降水量分布を推定するという発想も生まれました。

フィールドは世界でも一番美しいと呼ばれるランタン谷にあるヤラ氷河（標高5000 m付近）周辺と決まり、雪氷・地形・水文など多様な分野を専門とする人たちと、ポストモンスーン期の10月まで共同観測を行うこととなりました。カトマンズからランタン谷まではバスと徒歩で約1週間はかかります。初めてのヒマラヤトレッキングは、まさに標高に応じた**風土***の変化を肌で感じる旅でした。低標高ではヒルに襲われ、蚤と闘いながら、地滑りで寸断された山道をずぶぬれで歩きます。雲霧林を抜けてU字谷に入るとようやく前方に白く輝くヒマラヤの峰々が顔を出し、ヤクを移牧する草原に囲まれたランタン谷（3500 m）に到着です。モンスーン期は曇天で展望こそよくはありませんが、高山植物が咲き乱れ、あのカトマンズのスモッグと雑踏から解放された別天地でした。

我々は山岳斜面に広がる小規模のヤラ氷河を研究対象としていました。谷氷河と呼ばれる大型の氷河と異なり、山岳登山は素人の私でも比較的安全に氷河まで辿り着くことができます。遠方から風景として氷河を眺めたことはありますが、こんな巨大な氷の物体を間近で見るのは圧巻でした。ベースキャンプといって氷河末端近くの**モレーン***上にテントを張り、周囲に観測装置を配置します。氷河も雪と同じように白くて美しいものと想像していたのですが、ずいぶん汚れて黒ずんでいます。近づいて氷を触ってみると、無数の穴に水と一緒に褐色の泥がたまっている様子が解かります。雪氷生態の専門家が、これはクリオコナイトといって地衣類が生息しているんだよ、と得意気に教えてくれま

図 1.5　雨量と気温の観測セット

した。雪や氷は白いので、太陽光を沢山反射し融解を抑制しています。ところが氷河の色は生物活動でも大きく変化するというのです。[11] さらに、“氷河の上に住み着いている雪虫も多数存在し、黙っていたら氷河と一緒に流れ下ってしまうはずなのに、一定の高標高に自分の生息域が維持できるから不思議でしょう？”と楽しそうです。ベースキャンプから少し歩いた平地では砂礫がまるで花びらのように円形に盛り上がった地形を発見します。ここでは地形の専門家が登場し、“これは凍結融解作用で長年かけてできた構造土です”と自慢げです。一方、氷河上では解け水が川のように氷をえぐりながらゴボゴボと流れていたり、クレバスといって恐ろしく深い氷の谷に遭遇することもあります。すると、雪氷の専門家がルート工作をしながら雪国で体験する積雪とは全く違う氷体上の世界を解説してくれます。同じフィールドを異なる専門の人と調査する事こそ、地球科学の醍醐味で、こんなに楽しいことはありません。

自分もメンバーがあっと驚く面白い現象を発見したいのですが、気象観測の場合、データを解析して図化するまで何が生じていたのかを伝えづらいというもどかしさがあります。一方で機材の設置作業は重要で、失敗するとおかしなデータが見当はずれな場所で取得され、後の祭りとなります。私が持ち込んだ自動測器は数台の転倒マス雨量計と温度計でした【図 1.5】。転倒マス式とは、雨がマスに溜まり転倒するときに通電が生じるもので、単位時間あたりの通電回数をデータロガと呼ばれる電池で駆動する装置が記録します。山には電源はありませんが、これであれば長期にわたり運用が可能です。しかし、この台数では分布が解かりませんので、簡易積算雨量計を谷底から氷河にかけた斜面沿いに配置し、定期的に溜まった雨水を測定して降水量に換算しました。温度計は谷底と氷河近傍に設置し、**気温逓減率***から標高に応じた気温変化を推定し

図 1.6　午前中に斜面に沿って発達する雲

ます。ちなみに気温センサーを日射から防ぐシェードは免税店で買ったウイスキーの梱包材を使用しました。中身を何に使ったかはご想像に任せます。最近は安価な自動気象観測ステーション（通称 AWS）が流通していますが、このようなお手製観測で得た教訓は今でも生きています。例えば山岳域で降雪量を測るときの課題、リモートセンシングやシミュレーションの検証に現地データは不可欠であるということ、そして 3 章でも触れますが観測を成功させるための段取りなどです。その場の環境に応じて自分の判断で研究を進めた経験は、卓上では学べない一生の宝でした。

お手製観測にもかかわらず、データを分析するといくつかの重要な特徴と疑問が浮かび上がってきました。[12)] まず“降水量は標高が高いほど増えるわけではない”ということ。従来の研究では山岳域の降水量を標高の関数で推定することが多く、標高が高いほど降水量が増加傾向となる経験則を当てはめる研究も多いのですが、これでは山頂で莫大な量の降雪が生じていることになります。大気中の飽和水蒸気量は気温の関数で決まり、低温になるほど指数関数的に減少します。つまり、高度が高いほど大気が含み得る水蒸気の絶対量（相対湿度ではありません）は激減するはずです。これは、高標高ほど降水量が増えることと矛盾しますね。では、どのような時にどこで降水が生じているのでしょうか？　さらに、“夜間に低標高で降水が頻発する”というもう 1 つの特徴（いわゆる“夜雨”）が見えてきます。これは現地での雲の立ち方を見ると不可解

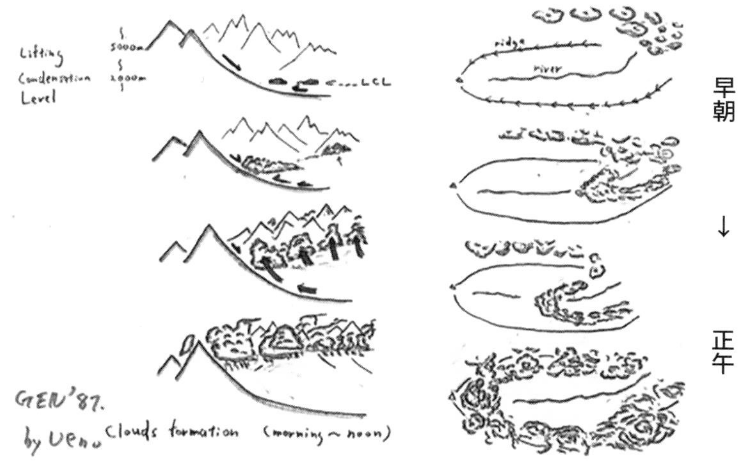

図 1.7　ランタン谷に沿って午前中に発達する雲のスケッチ。左が断面、右が水平面で、山稜と河川も線で記入してある

でした。日中は山岳斜面の加熱の影響を受けてもくもくと雲が立つ様相が頻繁に観測されています【図 1.6】。日本でも夏の積乱雲は山岳域で形成されることが多いのですが、日中の対流雲形成では低標高での夜雨を説明できません。そこで目にしたのが、氷河研究の第一人者が書かれた模式図です。夜間に山岳斜面で下流に向かって吹く山風が、谷間で収束して上昇気流を生むという内容です[13)]。これは面白い発想だと感心しました。その後のクンブ地方での観測でより標高が低い南部まで夜雨が卓越する傾向が見られました。気象レーダーを搭載した衛星データでみると、この夜雨は谷間に限らず、ヒマラヤの南縁に沿って低標高帯で広範囲に卓越することが近年明らかとなっています[14)]。ちなみに、ひまわりの赤外画像を使って降水量を推定する場合、“高い雲（雲頂温度が低い雲）ほど沢山の降水が生じる”ことを原則とすると背が低くて雲頂が暖かい夜雨は大幅な過小評価となります。現地で観測された雲・降水活動の特徴を理解しないで既存の手法を当てはめても、正しい推定はできないのです。

雨量観測から明らかになった山麓での夜雨と氷河を形成するための高所の降水の関係を、どのようなつじつまで説明していったら良いか、そんなことをぼんやり考えながら、氷河ベースキャンプで日変化する雲の様相をスケッチしたものを【図 1.7】に紹介します。当時の野帳に残った図をそのままスキャンしていますので見にくいかもしれませんが、【図 1.6】に示した雲列が、谷の入り口から高度を上げながら徐々に内陸へ侵入している様子を示しています。当時はランタン谷内での谷風前線を想定したはずですが、見直してみるとヒンドスタン平野で発達する大気境界層の侵入そのもののようにも映ります。亜大陸スケールでの日変化を伴う気流系に関しては後ほど紹介しますが、現場で残した記録はどこかで役に立つものです。そんなこんなでランタン谷での生活にもすっかり慣れた頃、日本から手紙が届きました。“卒業する気なら、そろそろ帰ってきませんか。指導教員より”。当時はインターネットが無く、大学や先生方も本当におおらかな時代で、それが発想を生んでいたように思います。

雲の中を飛ぶ

雲が立てば雨が降ると考える人もいるかと思いますが、両者は実は大きく異なります。今までは雨の話でしたが、ここでは雲の話をしてみます。空を見上げてみましょう。雲は見えますが、雨は見えませんね（雨が落下する様を尾流雲と呼ぶこともありますが)。太陽光が持つ電磁波の波長帯は雲(正確には雲粒）で反射・散乱される特徴があります。晴れか曇りかの判断は雲量（見上げた時の天空に占める雲の割合）で行いますが、雲量が 8 割でも“晴れ”なのは散乱光のおかげだと思います。雲は空中に浮かぶ水滴ですが、視程が 1 km 未満になるとその場の天気は“霧”となります。ちなみに、乾燥地域で山の斜面に巨大なネットを張り、そこを通過した雲粒（霧）をとらえて水を得る Fog Catcher という装置（雨量計の一種）を国際学会で見かけたことがあります。**水収支***を考えると、この Fog Catcher がとらえた水量をどう評価すればよいか悩んでしまいますね。雨滴は雲粒より大きさ（直径）が 100 倍程度大きく、太陽光は反射しませんが、気象レーダーに使われる電磁波は反射・散乱します。つまり、気象レーダーは雲を透過し降水をとらえることができます。気象庁のレーダー網がとらえた雨の分布と気象衛星がとらえた雲画像を比較してみましょう。両者の分布は実はずいぶん異なります。雨を伴わない曇域もあれば、背の低い雲が山間部で大雨をもたらす場合もあります。ヒマラヤでも、どうやら【図 1.6-1.7】で紹介したような雲の立ち方（構造）と降水が生じる仕組みをちゃんと分けて理解しなければならないようです。

高所に長期滞在したのだから、雲の内部はさんざん体感したのではないか、と思われる方もいらっしゃるでしょう。確かに地上から見た雲の写真は沢山撮りましたが、雲の立体構造を大局的に体験するには飛行機にでも乗らないと観察できません。ところが、1991 年にそのチャンスが巡ってきたのです。小型の航空機を使った氷河撮影が実施されることになり、幸運にも参加させていただく機会を得ました。時期は 10 月、今回は天候が良くなる（はずの）ポストモンスーンです。スイス製のピラタスポーターという軽飛行機を使用したのですが【図 1.8】、これがまた優れものでした。主翼が高翼配置なので扉をスライドさせて下界を撮影することができ、短距離離着陸に優れているため山間部の空港も利用できます。ちなみにヘリコプターは空気が薄い高所は苦手ですから、雲底下の有視界飛行に限られ、雲の航空撮影や遊覧飛行には向きません。

今回のミッションでは、好天日がやってくるのをじっと待つことが最初の難関となりました。傍受した高層気象天気図を眺めていても日本で見られるような規則的な気圧配置変化は皆無で、先の天候変化が読めません。日頃の天気図判読は世界では通じないことが良く解かります。プロローグにも書きましたが、海外旅行をしたら是非現地の天気図を見てみましょう。何やら蛇のように伸びる不可思議な前線が書かれてあったり、等値線の上に天気マークが乗っている

図 1.8　カトマンズ空港で待機するピラタスポーター

だけのものもあります。日本人は天気予報に敏感であるといわれますが、我々は幸か不幸か気象学の教科書に載っている大陸東岸の中緯度の典型的な天気が卓越する地域に住んでいます。そして、不可解な天候変化が生じる地域は実は世の中には沢山あるのです。それでも軽飛行機でヒマラヤ上空を飛ぼうというのですから、パイロットはよほどの腕前と天候判断の持ち主のはずです。

待つこと1週間以上、ついに待ちに待った観測の朝がやってきました。といっても早朝からカトマンズ盆地は曇で覆われています。どう見ても素人には好天日だとは思えない天候です。さて、搭乗するとまず酸素マスクを装着します。旅客機ではありえない装備に緊張が高まります。一眼レフカメラを握りしめてシートベルトで身を固めると、プロペラの爆音が一気に大きくなり、ピラタスポーターは滑走路の3分の1も使わずふわりと離陸しました。上下にかなり揺れます。空港近くの田畑が見えていたのもつかの間、雲に突入してあたりは真っ白です。このまま山にぶつかったらおしまい。そんな心配とは裏腹に、機体はどんどん上昇を続け、あっという間に雲を突き抜けて晴天域に出てしまいました。実は盆地を覆っていた雲は薄く、パイロットは雲域をいち早く抜け、視界が良好になる高度を確保したわけです。そして、白く輝くヒマラヤの全貌が目の前に現れたではありませんか！　これぞ、今までの人生のなかで一番の絶景です。山々はジェット機から見えたヒマラヤとは比べ物にならないほど近く、高く、無数の深い谷に刻まれています。雲の切れ間からは村々をつなぐ道や段々畑が手に取るように見えます。このスケール感は、地上からでは味わえません。ちなみに、カトマンズからはヒマラヤの遊覧飛行も出ています。飛行高度はもう少し高いですが、エベレスト上空まで飛び、揺れも少ないハズですので、是非お勧めします。

今回の目的は、エベレストの南東に広がるサガルマータ国立公園付近に点在する氷河湖を撮影する事です。機は中国との国境にそびえるマカルー(8463 m)を右手に反時計回りでイムジャ氷河湖がある谷に侵入します【口絵1】。他の隊員はしきりに氷河や氷河湖を撮影していましたが、私は山脈にへばりつくように湧き上がる様々な形の雲を一生懸命撮影していました。早朝のフライトだったため8000 m級の山を超える背の高い雲は見られず、深い谷の斜面に沿って雲が立ち中央部には晴天域が道のように上流に続いています。これは、まさに午前中の斜面風の始動とそれに伴う谷間の下降流がロール状の循環場を形成し、谷風循環が発達しつつある状況[15]に違いありません。ランタン谷でスケッチした雲の日変化【図 1.7】もまんざらおかしくないようです。この時期はポストモンスーン期で南からの季節風は弱いので、発達しつつある大気境界層の上に広がる**逆転層***が雲頂を規定しているのかもしれません。地上での気象観測は大気下端のごく一部をとらえているにすぎないことがよく解かります。ヒマラヤにリモートセンシング機材を搬入して 3 次元の大気観測をするのは至難の業ですが、このような上空からの写真でも対流雲の大まかな発達高度や形態は解りますから、シミュレーションなど検証には十分活用できるはずです。

ところで、我々の飛行機はというと、パイロットもこのような局地的な気流系を熟知している様子で、それに逆らって飛ぶことはしません。ピラタスポーターは、飛ぶ、というより“大気の流れに沿って木の葉のように舞い続けた”という表現が適切かもしれません。ジェットコースターなら行く先が見えていますが、空に軌道はついていませんから、我々はひたすらシャッターを切るのみ。もちろん横の扉は空いているので【図 1.8】、足元を山々が通過していきます。どれだけ成果のある写真が撮れたかは、いまだに怖くて先生に聞けません。今だったらドローンに搭載したアクションカメラが動画を撮影し、こんな経験はできなかったでしょう。感謝感謝。

夜雨の正体

航空機観測での経験と地上観測から、上空の気流が弱い日には、山岳上の雲は谷間の局地循環とヒンダス平野から侵入する**混合層***の影響を強く受けて形成・拡大することが解かってきました。これは、第 2 章でも解説がある山谷風循環に依存した境界層内での雲の形成で説明できそうです。しかし、多量の水蒸気が供給されるモンスーン期に、なぜ低標高域で夜に降水が集中するのかは説明できません。海外の文献を探していると、局地循環とモンスーン気流の連動により夜雨を説明する 1 本の論文に巡り会うことができました[16]。この論文では、日中は谷風（谷に沿って下流から吹き上がる風）が卓越して同方向に吹く上空のモンスーン気流との相乗効果が生じ、内陸（チベット高原側）に水蒸気を輸送しやすくなると述べています【図 1.9】。一方、夜になると、谷間では下

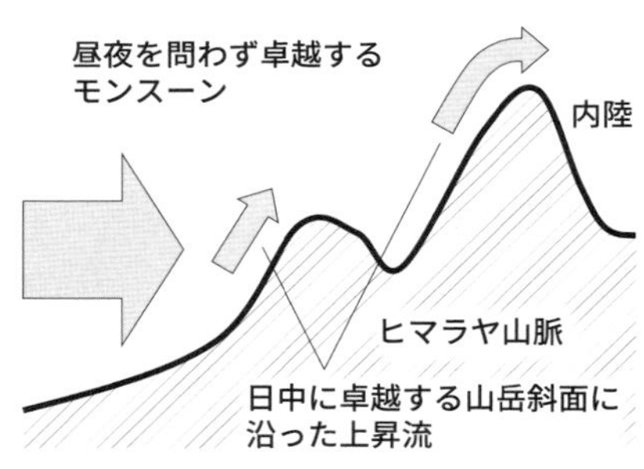

図 1.9　モンスーン気流と局地風の連動
（Barros and Lang, 2003 の図 16 を加筆修正）

層で山風（冷えた空気が下流に流れる風）が始動するのですが、南からのモンスーン気流は継続するので、山麓では気流が相対的に収束しやすくなり（図中の上昇流が弱まるため、左からのモンスーン気流が山麓で滞ってしまう）、これが原因で夜雨をもたらすと述べているのです。これは従来からヒマラヤの深い谷に沿って顕著な山谷風が発生することや、モンスーン期には夜間にも南風が継続することを示す観測結果[17)]と整合します。しかし、地上風系と雨の日変化を照らし合わせた分析は十分に行われていません。そこで、イタリアの研究グループと共同で、走向が南北に長く走り、標高差の大きなクンブ山群の標高 5000 m から 2000 m にかけた地点で、地上風と時間降水量の挙動を比較してみました。すると、夜雨の開始に先行して高標高域で南風が始動し、低標高域では夜間に断続的な山風が発生している様子を解析することができました。[18)] これは、先に紹介した論文[16)]の内容と整合しており、夜雨の正体が夜間に谷間で生じる局地的な循環とモンスーンの相互作用の結果生じていることを裏付けています。

ここで、山岳域周辺で降水が生じるメカニズムをおさらいしておきましょう。降水は上昇気流とともに水蒸気が飽和して凝結して生じます。山の働きとしてまず思い浮かべるのは気流が斜面を滑翔して生じる上昇気流でしょう。山登りをしていると雲が立ち出し、山頂付近では雨だったという経験をお持ちの方もいると思います。このような地形による滑翔作用が“地形性降水”の主要因と考えられがちです。しかし、Houze（2012）[19)] は山が降水を生じるのではなく、降水をもたらす可能性のある**擾乱***に山がどのように作用をするか、を考えることが重要であると指摘しています。その上で、降水過程をいくつかのパターンに分けて解説しています（元論文の図 3）。この図の趣旨を私なりに【図 1.10】にまとめてみました。なお、元論文では山岳から離れた場所で間接的に形成される降水雲も解説していますが、これらは割愛しました。まず、重要となるの

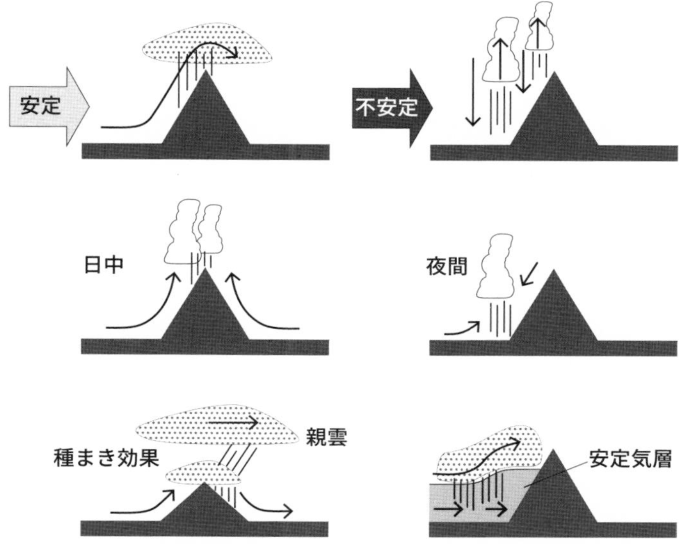

図 1.10　様々な地形の影響を受けた降水雲
（Houze, 2012 の図 3 を加筆修正）

は、山に到来する気団が安定か不安定かという条件です（上段）。前者の場合は、山脈を乗り越える気流系に対して前面となる斜面上で層状の雲を伴う降水域が形成されます（左側）。後者だと山岳上で自己発達する対流性の降水雲が形成され、強度の強い降水に伴う下降気流域を伴うこともあります（右側）。つまり上昇気流が強制的に生じても、持ち上げられる空気の性質（気団）により雲の立ち方が違ってきます。次に、山体の加熱冷却の影響を受けた日変化を伴う降水形態です（中段）。これは、環境場の風（天気図スケールの**総観規模***の風）が弱く下層の大気が湿潤であるときに顕在化します。日中は山体にむけて風が収束し（左側）、対流性の降水が生じます。日本では夏の雷雨が典型例ですね。一方、夜間は冷気を伴う山風（斜面下降流）が山麓で収束を引き起こしやすくなります（右側）。特にこのような収束が強化しやすいのは、環境場の風（ヒマラヤではモンスーン、日本では偏西風や高低気圧循環）に対して風上となる斜面の山麓である、ということが重要です。今回紹介したヒマラヤの夜雨もこのパターンが一因と考えられます。一方、雲粒の成長促進に起伏が影響を及ぼす場合もあります（下段左側）。標高が低い山体の上空を親雲が通過する時、親雲からの雲粒が下層の地形性降水を強化するというのです（通称、種まき効果とも呼ばれています）。さらに、山脈が高くて大規模であると、それ自体が侵入する安定な気団を堰き止めるため、この安定層に不安定層が乗り上げると山より手前で既に降水が生じていることがあります（下段右側）。図は省略しましたが、チベット高原のように広域に広がる山体では、それ自体が生じる対流が周辺域に下降場を形成し、周辺で雲の発達を抑制して乾燥地域を形成するパターンもあります。例えばチベット高原北側の乾燥域形成にもこの作用が指摘されています（後述）。如何でしょうか？　山が降水系に果たす仕組みにはこんなに様々な形態があることがお解かりいただけたかと思います。

模式図で説明するのは簡単ですが、実際の複雑地形の周辺で形成される雲や降水がどのパターンかを目視観測で判別するのは結構大変です。そこで、コンピューターを使ったシミュレーションを行い、時々刻々と変化する 3 次元の大気場を分析することでメカニズムを診断することが大気科学では主流となりつつあります。これは、スーパーコンピューターなど、高速計算技術が向上したおかげです。シミュレーションを行うには、**数値モデル***が必要となります。数値モデルを理解するためには、物理数学・計算技術の理解が必要となりますが、本書では解説は行いません。しかし、ある程度の機能を持ったパーソナルコンピューターで動く数値モデルもあるようですから、興味のある人は是非挑戦してみましょう。シミュレーションに関して少しだけ話を進めますと、モデルが動くということは、計算機上では整合的に方程式が解けているということになります。シミュレーション結果が観測結果と整合して、初めて数値モデルが現象を再現したことが解かります。我々が観測したデータはこの時に非常に重要な役割を果たすのです。一方で、モデルを動かすためにはその条件も与えなければなりません。これが、初期値・境界条件と呼ばれるものです。例えばモデル内で陸面の熱収支を解くためには、標高分布、雪の有無、植物の高さ、などを与えないと現実的な計算ができませんね。日本では詳細な地形や土地利用情報が整備されていますが、ヒマラヤではどうだと思いますか？　さすがに人が登って計測するわけにはいかないので、衛星観測が非常に重要な役割を果

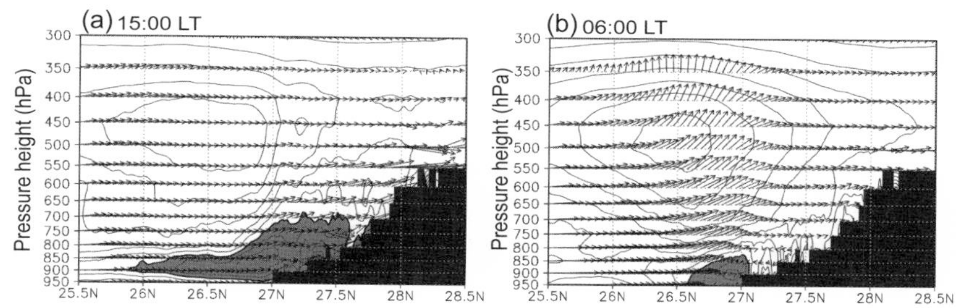

図 1.11　数値シミュレーションによるヒマラヤ斜面に沿った気流系（南北・鉛直風）および水蒸気量の気候値からの偏差、左は午後、右は早朝を示す（Sugimoto *et al*., 2021 の図 13 を加筆修正）

たす時代となりました。この衛星観測に関しては別の章で紹介したいと思います。

さて、夜雨の話に戻りましょう。【図 1.11】にシミュレーション研究の一例を紹介します。[20] 図は東経 88－90 度付近に沿ったヒマラヤの南北断面上の大気の流れと水蒸気量の多少を夜雨日の午後と早朝で比較しています。水平 2 km の解像度でモデルを動かしていて、ベクトルは南北・鉛直成分の風の**偏差***です。等値線とシェードで示した部分が白黒では解かりにくいですが、(a) を見ると午後に地上付近で拡大する灰色行きが普段より水蒸気量が少なく、斜面上で等値線が上空に向けて拡大しているのは水蒸気量が増えていることを示しています。つまり、日中はヒマラヤ斜面上で空気が谷風で高標高域に輸送され、低標高域では比較的乾燥していることを示しています。(b) を見ると、夜間にはそれが弱まり山麓上空で上昇気流とともに水蒸気量が増加する様相が再現されています。【図 1.10】の中段の図と比較してみると、具体的な気層の厚さや風の強弱を実感することができるのではないでしょうか。

このようなヒマラヤ域に限定したシミュレーションを行う場合、環境場となる大気の状態（例えばチベット高原周辺ではどのような気圧配置であったか）には天気予報をするために既に国の予報機関（日本では気象庁）が地球規模でシミュレーションしたデータを利用します。この地球規模のシミュレーション結果は、数値モデルと観測値を使って物理的に整合し客観的に解析されたデータとして格子点上に整備し公開されています。我々はこのデータを客観解析データと呼んでいるのですが、長期間で蓄積されたデータの多くが無料で利用可能です。したがって、総観規模の現象を分析したり気候変動スケールの解析を行うのであればこのデータを使わない手はありません。一方で、客観解析データは正確な陸面状態を詳細に反映しているとは限りませんので、狭域の現象を再現するには海洋や陸面での物理過程も入ったモデルを使い、空間分解能を上げて（ダウンスケーリング）、自前の観測データを与え（データ同化）、再計算する必要があります。欧米では、シミュレーション結果を検証する大掛かりな現地観測を集中して実施する場合があります。しかし、アジアでは現地観測がシミュレーション研究に追いついていないというのが現状だと思います。

降水量データは山岳域にとどまらず、地球の7割を占める海洋上でも必要性が指摘されてきました。そこで1997年に打ち上げられたのが気象レーダー搭載衛星TRMMです（第2章で再度紹介します）。衛星の直下に向けてレーダー観測を行うため、地上での観測に比べて山影域が少なく、国境を気にすることなく観測が可能となりました。さらに高緯度まで観測域を拡大し、弱い降水や個体降水も検知できるよう改良された後継事業（Global Precipitation Measurementミッション、通称GPM）が継続しています。これらの衛星データと客観解析データを組み合わせて、4800 mの氷河近傍で計測された降水計データを分析すると、雨量計データに記録された昼夜2つのピークを持つ日変化は、ヒマラヤ以南から広域スケールで侵入するモンスーン気流そのものに内在する日変化と関係していることが明らかとなってきました。[21)] この研究は、モンスーンそのものの日変化に、ヒンドスタン平野上の大気境界層の日変化が作用している事を示しており、【図1.7】で示した雲の谷内への侵入とも整合します。つまり、ヒマラヤの降水現象の仕組みを理解するためには、局地循環に留まらない亜大陸規模で生じる大気陸面相互作用の理解が不可欠なのです。ヒマラヤの北側には広大なチベット高原が広がっており、その中にも氷河は多数存在します（第2章ではスケールを拡大してチベット高原で発生する降水や水蒸気輸送の話をする予定です）。一方で、雨量計網、衛星降水量、客観解析データに見られる降水量ではこれらの氷河を維持するだけの涵養量をとうてい満たさないという指摘[22)]もあります。前の節で紹介したFog Catcherのように、我々は何か重要な物理過程を見逃しているのかもしれません。そのためには、山岳域での安定した長期観測拠点の構築が必要です。

長期の気候モニタリングを目指して

気象観測は長期に広域でデータを共有するネットワークがあってこそ意味があります。地球温暖化も、地道に継続される全球規模での気温観測網と、科学的な分析を様々な角度から試みる研究者集団のおかげで、人為的な影響であることが証明されてきました。私もネパールでの氷河観測をきっかけに、エベレストに通じるクンブヒマラヤ地域の、シャンポチェという標高 3500 m の地点で、自動気象観測を 10 年ほど継続したことがありました。[23] 氷河撮影時にピラタスポーターが、中継基地として着陸したことがきっかけでこの地点を知りました。近くにはホテル・エベレストビューやナムチェバザールがあることでも有名で、雪崩で測器が吹き飛んだり、低温で年中雨量計が凍結する標高でもありません。エベレスト直下の標高 5000 m ではイタリアの研究グループがピラミッドと呼ばれる観測地点を設営しており、[24] 下流ではネパール水文気象局が観測地点を展開しているので、その中間地点としてデータ共有できる可能性があります。そして、なんといってもここからはエベレストを見渡せる素晴らしい眺めがありました【図 1.12】。観測を継続するからには、何度でも来たいと思えるような立地が不可欠です。やる気を起こすための動機を意味する“インセンティブ”という言葉が使われますが、私にとってのインセンティブはまさにこの風景でした。

観測を思いつくのは簡単ですが、海外の、しかも人さまの土地に長期に測器を置かせていただくことは非常に大変でした。現地の研究協力者や熟練の研究者の支援で、なんとか牧場（正確にはヤクファーム）を使わせていただくことになり、ヤク除け（厄除けではありません）のフェンスは村の人々が建設を手伝ってくれました。村の村長さんが仰っていた、“私の村には世界一高い山がある”との名言は今でも忘れられません。上向きの放射も測って積雪の存在が解かる工夫をしたり、ネパール水文局の皆さんに向けてデータ回収のトレーニングを行ったこともありました。

観測を 10 年ほど継続してみると、冬季のヒマラヤの気温の年々変動が熱帯における雲の立ち方（対流活動）と密接に関係していることや、[25] TRMM 衛星デー

図 1.12 シャンポチェに設置した自動気象観測装置。遠方に旗雲をたなびかせるエベレストが見える（2006 年 3 月撮影）

タを時間降水量で検証できる[26)]、など長期観測ならではの成果があがりました。そして何よりも、現地に多少なりとも学生さんを連れていき、大自然の中でのフィールド研究の楽しさを教授できたことはこの上もない喜びでした。一方で、長期観測を継続していくためには、現地の公的な組織に引き継ぐことも不可欠でした。しかし、そのためには予算措置や組織的な枠組みが必要となります。ネパール王国に政変があったことをご存じでしょうか？その後、大地震にも見舞われました。安定した経済基盤に乏しいネパールに対して、私個人の力で測器をメンテナンスしていく余力はなく、観測は立ち消えとなってしまいました。

2023 年 10 月、私は 10 年ぶりにカトマンズを訪問する機会に恵まれました。幹線道路はアスファルトで覆われ、近代的なビルも建ち始めていました。ゴミ捨て場のようだった河川もずいぶん綺麗に見えます。しかし、一歩町の中に足を踏み入れると、未舗装の道にはオートバイと小型車があふれ、郊外には新築の住宅地がますます拡大している様子が見られます。朗報もありました。2021 年にメラムチ川の水がトンネルでカトマンズ盆地に引き込まれるようになり、前に書きました水問題は改善されてきているというのです。王宮広場の一部の建物には 2015 年の大地震による影響も見られましたが、アサン・バザールはかつての賑わいを取り戻していました。“王国”の復権を望む動きもあるらしく、中国とインドのサンドイッチ状態にあるネパール情勢は、今後も混迷を続けていく様相です。それは明らかに環境モニタリングや国際支援に大きな影響をもたらし続けます。微力でも、国境を越えて草の根の研究交流と信頼関係を継続していかなければなりません。

Column 1

レソトの水　―太平洋と大西洋の分水嶺―

アフリカでホーストレッキングをした時に、地面からニョキっと水道が顔を出し、水が勢いよく流れ出ている場面に遭遇しました【図 1.13a】。“森は山が保水をする重要な機能を持つ”と教科書で読んだことがありますが、周囲を見渡しても森は見当たりません。背後の山も際立って高いわけでもなく、こんな半乾燥の丘陵地で、なぜ水が地下から豊富に湧き出てくるのか不思議に思いました。ここはレソト王国、アフリカ南部の小さな山国です。小学校で地図帳から国や首都を探し出す遊びをしたことがあれば、名前を思い出すかもしれません。国自体はインド洋側に位置していますが、ここを源とするオレンジ川は実は大西洋に注いでいます。つまり、この国はインド洋と大西洋の分水嶺ともいえるのですね。国土の多くは標高 1400 m を超え、そこで得られる水資源を周囲の南アフリカ共和国に供給して貴重な財政源を得ています。レソトでの降水変動は、はるか東で発生するエルニーニョの影響も受けている[27)]というのですから、気候変動は全球規模でつながっていることが良く解かります。

現地でまず直観したのは、そこに住む人々の暮らしと自然の持つ潜在能力のバランスです。この村の遠景をご覧ください【図 1.13b】。馬に揺られながら苦労して撮影した 1 枚です。山岳斜面の屈曲部に水道が敷設されていた集落が点在しているのがわかるでしょうか。このくらいの規模であれば、生活に必要な水量は水道で賄うことができそうです。近傍のテラス状の緩斜面は日当たりも良く、畑作に利用されています。地形をうまく利用した立地形態ですね。さらに下流部は河川が削ったと考えられる狭谷が発達していますが、川まで水汲みに行くには歩いて小 1 時間はかかるでしょう。この村が都市化したら蛇口をいくらつけても水は足りなくなるはずです。同じ高地の暮らしでも、第 1 章で紹介したカトマンズと対照的です。

図 1.13　レソトの風景（a）マルベルブ村の水飲み場、（b）ダムに沈む予定の渓谷と対岸を望む（2019 年 5 月撮影）

もう 1 つ気が付いた景観がありました。わかりづらいかもしれませんが、【図 1.13b】の峡谷の斜面をご覧ください。ミルフィーユのように筋が何本も入っているのが見えるでしょうか？　これは段々畑ではなく、地層なのです。レソトがなぜ高地であるか、地学の教科書を引っ張り出して調べてみました。山は一般的には火山活動か大陸の衝突に伴う隆起で高くなると解説されます。ところがこのドラケンスバーグ山脈は、かつてアフリカ大陸と南極大陸がつながっていた時代の境界に位置しており、2 つの大陸が離れて行った後のアフリカ大陸側の崖に相当します。2 つの大陸がまだつながっていた時代に堆積した砂岩と地球内部から噴出した溶岩が作る玄武岩が幾重にも重なった地質構造から成り立っているのです[28)]。これこそまさに、滞水しやすい構造だと思いました。

こんなレソトの景観をつぶさに観察できる素晴らしい乗り物を最後に紹介しましょう。馬です。レソトの観光の 1 つにホーストレッキングがあります。図にあるような深い峡谷も馬ならあっというまに横断でき、微地形に応じた植生の違いや人々の暮らしを身近に見ることができます。そうはいっても、初心者には結構スリリングで、流されそうになりながら馬と川を横断したり、草原を爆走することもあります。トレッキングの途中でところどころに白い杭を見かけました。建設予定のダムの想定水位を示す場所だというのです。どうやら財源強化のために国は大規模なダム計画を進行しているらしいのです。南アフリカへ水を売るためです。地元民曰く、“道路が整備され村の財源も潤うので賛成”。ダムができたら馬の代わりにボートが活躍するのでしょうか？　村々の交流は今まで通りとは行かなくなりそうです。自然と共存する素晴らしい景観や水利用も様変わりになるかもしれません。日本をはじめとする多くの国が経験してきたダムと環境保全に関する議論が、この地でも必要だと感じました。

第１章、Column 1 の引用文献

（1）Kubota T., Saito T., and Nishida K., 2022: Global fast-traveling tsunamis driven by atmospheric Lamb waves on the 2022 Tonga eruption. *Science*, 377, 91-94. DOI: 10.1126/science.abo4364.

（2）鬼頭昭雄, 2005: チベット高原の隆起がアジアモンスーンに及ぼす影響に関する気候モデルシミュレーション. 地質学雑誌, **111**, 654-667.

（3）安成哲三, 藤井理行, 1983: ヒマラヤの気候と氷河. 東京堂出版, 254 pp.

（4）植田宏昭, 2012: 気候システム論. 筑波大学出版会, 235 pp.

（5）Meybeck M., Green P., and Vorosmarty C., 2001: A new typology for mountains and other relief classes. *Mountain Research and Development*, **21**. 34-45.

（6）中尾正義, 2007: ヒマラヤと地球温暖化. 昭和堂, 159 pp.

（7）山田知充, 2000: ネパールの氷河湖決壊洪水. 雪氷, **62**, 137-147.

（8）Lau K.M., Ramanathan V., Wu G.-X., Li Z., Tsay S.C., Hsu C., Sikka R., Holben B., Lu D., Tartari G., Chin M., Koudelova P., Chen H., Ma Y., Huang J., Taniguchi K., and Zhang R., 2008: The joint aerosol-monsoon experiment. *Bull. Amer. Met. Soc.*, **89**, 369-384.

（9）上野健一, 1993: 日本海沿岸から脊梁山脈にかけた新雪中の主要化学組成の分布. 地理学評論, **66**, 401-415.

（10）藤田耕史, 2001: アジア高山域における氷河質量収支の特徴と気候変化への応答. 雪氷, **63**, 171-179.

（11）竹内望, 植竹淳, 幸島司郎, 2023: 雪と氷にすむ生き物たち. 丸善出版, 194 pp.

（12）Ueno K., and Yamada T., 1990: Diurnal variation of precipitation in Langtang Valley, Nepal Himalayas. *Bulletin of Glacier Research*, **8**, 93-101.

（13）Ageta Y., 1976: Characteristics of precipitation during monsoon season in Khumbu Himal. *Seppyo*, **38**, 84-88.

（14）Hirose M., and Nakamura K., 2005: Spatial and diurnal variation of precipitation systems over Asia observed by the TRMM precipitation radar. *J. Geophysical Res. Atmosphere*. **110**, D05106, doi:10.1029/2004JD004815.

（15）Kimura F., and Kuwagata T., 1995: Horizontal heat fluxes over complex terrain computed using a simple mixed-layer model and a numerical model. *J. Appl. Met. Climat*., **34**, 549-558.

（16）Barros A., and Lang T., 2003: Monitoring the monsoon in the Himalayas: Observations in central Nepal, June 2001. *Mon. Wea. Rev*., **131**, 1408-1427.

（17）Ohata T., Higuchi K., and Ikegami K., 1981: Mountain-valley wind system in the Khumbu Himal, East Nepal. *J. Meteor. Soc. Jap*., **59**, 753-762.

（18）Ueno K., Toyotsu K., Bertolani L., and Tartari G., 2008: Stepwise onset of monsoon weather observed in the Nepal Himalayas. *Mon. Wea. Rev*., **136**, 2507-2522.

（19）Houze R.A., 2012: Orographic effects on precipitation clouds. *Review of Geophysics*, **50**, RG1011, https://doi.org/10.1029/2011RG000365

（20）Sugimoto S., Ueno K., Fujinami H., Nasuno T., Sato T., and Takahashi H.G., 2021: Cloud-resolving-model simulations of nocturnal precipitation over the Himalayan slopes and foothills. *J. Hydromet*., **22**, 3171-3188.

（21）Fujinami H., Fujita K., Takahashi N., Sato T., Kanamori H., Sunako S., and Kayastha R.B., 2021: Twice-daily monsoon precipitation maxima in the Himalayas driven by land surface effects. Journal of Geophysical Research: *Atmospheres*, **126**, e2020JD034255.

（22）Immerzeel W.W., Wanders N., Lutz A.F., Sha J.M., and Bierkens M.F.P., 2015: Reconciling high-altitude precipitation in the upper Indus basin with glacier mass balance and runoff. *Hydrol. Earth Syst. Sci*., **19**, 4673-4687.

(23) Ueno K., Kayastha R.B., Chitrakar M.R., Bajracharya O.R., Pokhrel A.P., Fujinami H., Kadota T., Iida H., Manandhar D.P., Hattori M., Yasunari T., and Nakawo M., 2001: Meteorological observations during 1994-2000 at the Automatic Weather Station (GEN-AWS) in Khumbu region, Nepal Himalayas. *Bulletin of Glaciological Research*, **18**, 23-30.

(24) Bonasoni P., Laj P., Marinoni A., Sprenger M.,Angelini F., Arduini J., Bonafe U., Calzolari F., Colombo T., Decesari S., Di Biagio C., di Sarra A.G., Evangelisti F., Duchi R., Facchini M.C., Fuzzi S., Gobbi G.P., Maione M., Panday A., Roccato F., Sellegri K., Venzac H., Verza GP., Villani P., Vuillermoz E., and Cristofanelli P., 2010: Atmospheric Brown Clouds in the Himalayas: first two years of continuous observations at the Nepal Climate Observatory-Pyramid (5079m). *Atmospheric Chemistry and Physics*, **10**, 7515-7531.

(25) Ueno K., and Aryal R., 2008: Impact of tropical convective activity on monthly temperature variability during non-monsoon season in the Nepal Himalayas. *J. Geophys. Res.*, **113**, D18112, doi:10.1029/2007JD009524.

(26) Yamamoto M., Ueno K., and Nakamura K., 2011: Comparison of satellite precipitation products with rain gauge data for the Khumb Region, Nepal Himalayas. *J. Meteor. Soc. Japan*, **89**, 597-610.

(27) Nel W., 2008: Rainfall trends in the KwaZulu-Natal Drakensberg region of South Africa during the twentieth century. *Int. J. Climatol.*, **29**, 1634-1641.

(28) Smith R.M., Eriksson P.G., and Botha W.J., 1993: A review of the stratigraphy and sedimentary environments of the Karoo0aged basins of South Africa. *Journal of African Earth Sciences*, **16**, 143-169.

第2章

チベット高原の雲と降水

大気圧の働き

“チベット高原”と聞くと、どのような風景を想像するでしょうか？　雪の舞う荒涼とした高地で不思議な力を得るために僧侶が修行をしている場面を思い浮かべる人もいるかもしれません。読書好きの方には、ハインリヒ・ハラーの“Seven years in Tibet”（白水社）に昔のチベットの様相とそこに辿り着くまでの壮絶な道のりが紹介されていますので、一読をお薦めします。私は部屋に中国で買った安物の立体地図を飾っているのですが、これを眺めると、アジアの中央で高く広く鎮座する高原の地勢がよく解かります。地図帳でユーラシア大陸が一望できる頁を広げてみましょう。東西4000 km、南北1000 kmにわたり標高4000 mを超えて広がる大地形が目に留まりませんか？　その南側には急峻なヒマラヤが、北側には広大な半乾燥地域が続いています。インド洋に面した亜熱帯では雨季と乾季が明瞭で洪水や旱魃に見舞われ、北部のシベリアではタイガと呼ばれる針葉樹林が広がり、温暖化に伴う凍土融解が進行しています。このような大陸スケールの陸面状態がアジアの気候変動に及ぼす影響を統合的に観測し、季節予報に役立てるために、GEWEX Asian Monsoon Experiment（GAME）と呼ばれる国際プロジェクトが1995年に日本を中心として立案され、10年計画で始動しました。[1)] 私が初めてチベット高原の雪氷気象観測に参加させていただいたのは、GAMEの先駆けとなるCryosphere Research on Qingzang Plateau（CREQ）というプロジェクトの一環で、1993年の事でした。[2)] 振り返ると、当時はより世界が開かれ、研究者の交流も盛んでした。

CREQ は、高原のほぼ中央に位置するタングラ山脈（北緯 30 度 42 分、東経 92 度 27 分）の山岳氷河とその周辺域を研究対象としていました。この山脈はチベット自治区と青海省の境界にあたります。当時の研究協力機関が中国科学院・蘭州・氷河凍土研究所であったため、蘭州から車で西寧を経由し、ゴルムド市から高原を南下して 1 週間かけて現地に入りました。ヒマラヤの観測と大きく違うのは、人も機材も車で輸送できる点です。これならラクチンと思う方も多いと思いますが、実は歩いた方が体を高度に慣らすにはよいといわれています。ヒマラヤなら、高山病の兆しが出れば深い谷間の低標高地点に数時間で戻ることができます。ところが、チベット高原の場合、いきなり車で数 100 km を 1 日で移動して知らないうちに 3000 m を超える高原に入るため、高山病に気が付いてもすぐに高度を下げることができないのです。観光旅行ならそのままラサ側に降りてしまう手もありますが、我々はそこで 1 か月は仕事をしなければなりません。そこで、プロジェクトでは高山病に対する入念な高度順化プログラムが準備されるようになりました。特定の高所まで移動して散歩をしてから少し低い高度に戻って宿泊し、これを繰り返して徐々に標高を上げていく尺取虫のような旅程です。高度障害というのは非常に恐ろしいもので、風邪のような咳や高熱が発生し、頭痛で夜に眠れなくなり、それに伴う様々な障害（肺に水がたまったり正常な思考ができなくなるなど）が発生します。発生する標高も人によってまちまちで、2000 m 程度でも貧血で倒れる人がいますので、侮ってはなりません。私の場合、3500 m 付近で発症することが通例で、そこで無理をしなければ 5000 m 付近でも通常生活を送ることができました。ちなみにコロナ禍で有名となったパルスオキシメーターで血中酸素飽和度をモニターし、自分の順化度合を把握できます。もしポタラ宮殿で有名なラサに空路で入山する場合は、いきなり標高 3500 m に到着するので必ず高度障害になりますから、観光旅行を考えている方は要注意です。

気圧が低いと、人間だけではなく自然現象にも様々な変化をもたらします。空気抵抗が減少しますから、物を投げると驚くほど遠くまで飛びます。隊員が北京空港で購入したおもちゃのヘリコプターが現地で飛ばなかったのは衝撃的でした（最近のドローンは有能で、高所でも運用が可能だそうです）。前章で書きましたが、午前中に地上気温が上昇するのは太陽光で温まった地面から顕熱が乱流により輸送された結果でしたね。顕熱輸送量は風速・気温の乱れ（乱流）と空気密度の積で決まります。もし空気の密度が半分程度だと、顕熱輸送量は通常の半分になります。地面が濡れていれば正味放射量は潜熱に使われますが、乾燥していれば地表面が昇温して、赤外線（地球放射）で熱を逃がすようになります。このせいかどうか解かりませんが、風さえ弱ければ晴れた日の高原は気温が零下でも体感温度はポカポカで快適でした。

気圧の話がでてきましたので、ここで“なぜ地球上で風が吹くか”という素朴な疑問を考えてみましょう。風というのは空気の動き（運動）ですね。運動が生じるためには力が必要です。大気の運動を司る力はどのようにして生じるのでしょうか？　まず思いつくのは地球自身が持つ重力ですね。これは上下方向の気圧変化とバランスする重要な力です。一方、水平方向の風の強弱を支配しているのは高気圧と低気圧の存在です。空気は高気圧から低気圧に向かって流れますね。このような気圧の勾配により生じる力を“気圧傾度力”と呼びます。では、なぜ気圧分布に高圧・低圧といったムラが生じるのでしょうか？
高校物理の授業で習った気体の状態方程式（PV=nRT）を思い出しましょう。この式では気圧と温度の変化が結びついていることを示しています。つまり、気温分布が気圧分布を生じ、それを補うように風が吹くのです。地球規模でみれば単位面積当たりの日射量が大きい低緯度ほど大気は高温となりやすく、これにより生じる南北の気圧傾度力と地球自身の回転により生じるコリオリ力が作用して地球規模の風の流れが生じます。さらに気温の鉛直勾配が存在することで上層ほど風速が強くなりジェット気流が生じます。このような機構を“温度風”と言います（ちなみに、天気図で見かける高気圧・低気圧の形成は上空の大気の南北蛇行とそれに伴う渦の移流が関係しており、詳しくは気象学の教科書で勉強してください）。

次に海と陸の分布を考えてみましょう。両者では熱容量が違いますから、そのコントラストで地上気温の差ができますね。さらに、陸面状態（土壌水分、積雪、植生など）の違いに応じて大気境界層でも気温のムラができます。第1章でヒマラヤの山谷風が出てきましたね。これも、同じ高さの空気で比べた場合、日中は山の斜面に近い空気ほど加熱されやすく、それにより生じる気圧傾度力で谷に沿って空気は吹き上がり（谷風）、夜間は地表付近で放射冷却によ

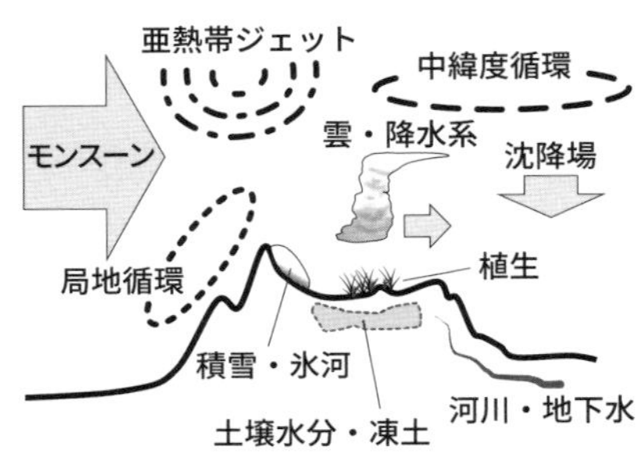

図 2.1 チベット高原をとりまく陸面状態と大気循環

り生じる冷たい重たい空気が谷を流れ出るのです（山風）。このような狭域の大気循環を局地循環と呼びました。チベット高原ほど巨大な高原だと、陸面が大気の運動に及ぼす熱的な影響はかなり大規模となることが想定されます。山に日が当たると温められて斜面に沿った上昇気流を生む模式図を描く人がいます。【図 1.1】に示した広大なチベット高原上でも巨大な大気循環が駆動するのでしょうか？　その循環はモンスーンの形成とどのように関わっているのでしょうか？　雪で高原が白くなったり、植生が繁茂しだしたら、熱収支や局地循環はどう変化するのでしょうか？　高原が湿っていたら巨大な積乱雲が形成され、それが風下に移動して大雨をもたらしたりするでしょうか？　地面が凍ると（凍土)、蒸発量や河川の流出にどのような影響を及ぼすのでしょうか？　考えただけでも大気と陸面が相互に織りなす複雑な仕組みが沢山ありそうです【図 2.1】。そこで、これらの仕組みを観測しモデル化することが GAME プロジェクトの 1 つの大きな柱（GAME-Tibet）[3]となり、国際共同観測プロジェクトが推進されていくことになります。

高原への旅

蘭州を出発した車が西寧を経由して風光明媚な青海湖湖畔をすぎると、景観は乾いた岩石砂漠へと変化しゴルムドに到着します。そこから南西に進路を変えて、いよいよ高原の北縁となるクンルン山脈を越えていきます（表紙はここでの高度順化の 1 コマです)。途中には湧水を飲料水に加工する工場もあり、こんなに乾いた内陸なのに地中には水が潤沢にあることには驚きです。モンスーン期でもチベット高原の北側で晴天が続く一因として、高原上の加熱による広域の上昇気流の反動により、高原周辺で生じる高気圧性の沈降が考えられています。[4] クンルン山脈を越えると、ついに目の前には地平線まで見渡せる高原が広がりました！　これぞチベット高原、といった景観です。車が南下すると徐々に雲が増え、あちこちに緑の湿地が目に入るようになります。さらに南下すると、チベット高原の中央部を東西に走るタングラ山脈が近づいていきます。孤立した積雲から降る雨交じりの天気が増えてきました。低地には泥濘が増え、明らかに陸面が湿ってきたようです。当時は高速道路を建設する工事の真っ最中で、頻繁に路肩から降りて工事現場を迂回する悪路に遭遇しました【図 2.2】。四輪駆動のパジェロやランドクルーザーが、まさに本領を発揮といわんばかりに上下運動を繰り返しながら猛進します。チベット高原には季節的に発達する凍土が散在し、この融解凍結の影響を軽減するために盛り土による路盤固めが盛んに行われていました。実は、もう 1 つの重要な工事も進められていました。チベット高原（青蔵）鉄道です。当時はあちこちで山や谷を貫く高架線やトンネルの建設が進行中でしたが、現在はラサまで開通し南西の林芝まで拉林鉄路が伸びています。標高 5000 m を超える山脈を鉄道が通るというから驚きではないですか？　万里の長城を作り上げた中国ならではの国力を感じます。

図 2.2　高原上の悪路を進む

タングラ山脈の地形はヒマラヤに比べるとなだらかで、氷河も白く緩やかに流れている様相でした。チベット高原というと平坦な高原が広がっているイメージですが、実は高原上にも山あり谷ありで、植生の分布や雲の立ち方もこれらの地形に依存しています。昔からチベット民族の生活圏なのですが、その生活様式を象徴するのが移牧です。放牧というのは家畜を特定の草地に放って行う定住型の牧畜形態ですが、移牧というのは草地を求めて家畜とともに草原を大移住する形態です。彼らが馬やバイクを使って広い草原を横断する様相は東洋版西部劇のようでした。移動する家畜から測器を守るためにフェンスを張るのですが、その効果が陸面効果の現実を学術的に考えるきっかけとなった話は後ほど紹介したいと思います。一方で、ハイウエーや鉄路に象徴される経済圏の拡大はすさまじく、拠点となる小都市を中心として商業地や工場を整備し定住していく様子も見られます。我々の観測も、タングラの氷河を起点とする

図 2.3 熱収支用の気象観測タワーで作業をする

ものから、GAMEおよびその後継となるCEOP[5]・JICA-Tibet[6]といった国際プロジェクトの始動とともにタングラ山脈の南のチベット自治区・那曲を中心とした流域へと拡大し、複数の地点で陸面の熱収支を測定するフラックス観測[7]や、雲・降水を観測するライダー・レーダーといったリモートセンシングの検証観測[8]を開始します。特に大気と陸面で生じる熱水交換を評価するためには物理量の鉛直勾配を測定する必要があります。そこで必要になるのが高頻度のラジオゾンデ観測とタワー観測です。氷河学者がクレバスを迂回するルート工作に長けているように、フラックス観測者はこのタワーに登って測器を取り付け運用する事に長けています【図 2.3】。この手の観測経験が無い（高所恐怖症の）私は、下から眺めて応援しているだけでしたが。

下層の大気が温まり対流を引き起こす一要因として不均一な陸面熱収支の重要性を1章で解説しましたが、もう1つの重要な熱源として降水による潜熱開放があります（地面での水の相変化も潜熱でした）。我々はあまり体験することがありませんが、大気中の水蒸気が上空で凝結して雨や雪に相変化するとその時に熱が放出されます。濡れた手をそのまま乾かすと冷たく感じますね。この逆の事が降水と同時に上空で生じていると考えればよいでしょう。水の相変化には凍結・融解もありますが、蒸発・凝結にはこの10倍の熱を要します。陸面の顕熱加熱が雨季の開始とともに大気中の潜熱加熱（専門的に非断熱加熱とも言います）に移行していくことは、第1章で紹介した客観解析データの解析で指摘されていました。[9] 積雲対流は背が高く急速に発達するので、水蒸気は高速エレベータのように持ち上げられ潜熱加熱が高所で生じる可能性があります。そもそも高原は標高が高いですから、降水雲の立体構造がどうなっているか実態解明が必要です。当時の客観解析データは分解能が粗く、降水活動や陸面の状態が十分加味されていなかったので、チベット高原上のデータがどれだけ信用できるのか疑問視する声もありました。観測無くして客観解析データ

図 2.4　那曲流域で頻発する積乱雲

の検証や質の向上は見込めません。そこで、国際プロジェクトにより高頻度のラジオゾンデ観測を行い、上層も含めた大気加熱の鉛直構造を雨季開始前から一貫して把握することになります。[10)] 一方で、いつどれだけの降水量が地上にもたらされ、それが雨なのか雪なのかを示すデータも不足していました。降水で地面が湿れば陸面からの蒸発散に熱は使われるはずですし、積雪が生じれば地面が日射を反射する率（**アルベド**[*]）が増加して陸面熱収支も急変するはずです。同時に土壌水分や雪の観測する必要がありますね。というわけで、私もヒマラヤでの経験を生かして、現地で降水量や降水形態を観測することとなりました。

那曲周辺ではモンスーン期に入ると日中にモクモクと成長する積雲が頻発し、それを写真に収めるだけでも毎日が楽しくて仕方がありません。ヒマラヤと大きく異なるのは、地形が平坦なためにその全容がばっちりと観察できるところにあります【図 2.4】。圏界面まで達した雲がアンビル（平坦に広く伸びる部分）を大きく靡（なび）かせる様子（“かなとこ雲”とも呼ばれます）や、雨脚が地上に到達する様子も一目瞭然ですね。日本で天気解説に使われる雲マークは☁がほとんどですが、中国の天気図にはまさにこの積乱雲そっくりのマークが出没することがありますので、機会があったら是非ご覧ください。雪やあられが降ると、まるで足跡のように白い積雪域を残す場合もあります。このように孤立した積乱雲が降水活動を司っているとしたら、どのようにして降水分布を把握すれば良いのでしょうか？　何もせずに考えあぐねていても仕方がないので、まずはヒマラヤと同じように多数の雨量計をばらまくことから観測を始めました。但し、私もヒマラヤ観測の経験から少しだけ賢くなっていたので、まずは降雪時でも降水量を評価できる新兵器を導入することにしました。アメリカ製の重量式雨雪量計です【図 2.5】（右下の白い筒）。この雨雪量計は、タンクに溜まった水の重量変化から降水量を割り出す仕組みとなっています。あらかじめ不凍液と蒸発防止用のオイルを入れておき、降雪の場合もそれが不凍液

図 2.5 那曲市街地に建設した二重フェンス（奥）と重量式雨量計（右手前）

に混ざって液体状となり重量変化が生じるのです。溜まった降水を排水して不凍液を補充しなければならないのが難点ですが、チベット高原の降水量は年に 500 mm 程度といわれていましたので、滞在中に数回メンテナンスを行うついでにデータ回収と排水ができればよいと考えました。それにしても欧米の研究手法にかける開拓精神は見習うものがあります。日本では環境計測機器を個人が購入する機会はほとんど無く、官公庁がメンテナンス込みで発注しますから高価となりがちです。おまけに気象庁の検定付きとなると、新たな仕組みの製品開発はしにくい現状があります。一方、米国の会社は研究機関で開発されたものをベンチャー企業が国際的な販売も視野に改良したものが多く、安価に流通しています。竜巻の発生を検知するために、“気象測器をご家庭にも 1 台”という話を聞いたこともあります。最近では、ワイヤレス配信機能が付いたセンサーも普及しており、ユーザー側でデータ回収・公開の手間が省けると同時に、自社のサーバーがデータ転送・配信を司ることでグローバルなモニタリング体制を構築しています。Google の戦略と似ていますね。

ここで、観測の小話を 1 つ紹介しましょう。ヒマラヤでも世界一高い山を有する村長さんの話をしましたが、チベットでも測器を設置させていただくために村人と交渉しなければなりません。そのためには、ドライバーと私に加えて、蘭州から来た共同研究者、通訳、そして地元の警備員といった大所帯で遠征することになります。もちろん、雨雪量計機材も同伴です。とある村まで 1 日かけて遠征し、なんとか平穏無事に設置をでき、やれやれといった所でした。ところが、1 週間後に測器が送り返されてくるという事件が発生したのです。理由を聞くと“お前たちのへんてこな機械のせいで、雨が降らなくなった”というのです。信心深いチベットの風土を考えると致し方無いと諦めていたのですが、後日談がありました。帰国してデータを解析してみると、本当にその年は例年より降水量が少なかったのです。彼らはちゃんと自然変動を体感していたのかも知れません。そこに住む人々の感じる自然変動には地元のニーズ（生活にとって必要な情報）が含まれており、これらを研究者や行政は見落としがちです。その意味で、環境モニタリングには現場での聞き取り調査も非常に重要です。

降水観測に話を戻しましょう。年間 500 mm 程度の降水量と聞いて、やけに少ないと思った方はいませんか？　日本の平均降水量は 1500～2000 mm 程度と言われているので、チベット高原は周辺諸国の水がめだと言われるにしては少なすぎるかもしれませんね。これに対して、“チベット高原は高山で雪として沢山降っているはずだが、それが雨量計で正しく測られていない”という指摘があります。雪片は軽いため、雨量計自身が乱流を作ると受水口に入ってくれないのです（捕捉率の低下）。5 m/s を超える風速では捕捉率は 5 割を切るといわれています。[11)] 実際、日本でも冬季の日本海側の降水量は過小評価されており、山岳域で**積雪水量***を測ってみると、同地点で雨量計により計測された降水量の積算値を大きく上回ることが多々あります。余談ですが、日本海側のアメダス地点で測られている冬の降水量は大幅に過小評価されており、水収支の計算などを行う時も要注意です。この問題を解決するために、世界気象機関（WMO）では雨量計の捕捉率を評価する指針がまとめられており、[12)] チベット高原でもこれに沿った降水量観測が計画されました。そこで必要となるのが、基準となる 2 重のフェンス付き標準雨量計です。フェンスによって風を弱める事が主目的なのですが、このフェンスが直径 12 m、高さ 3.5 m と巨大なのです。そこで私が最初に現地で行ったことは、この巨大フェンスの建設でした【図 2.5】（中央）。ワーカーの方に協力いただいたのですが、4500 m の地で土木作業を担うとは思ってもみませんでした。Google Earth でも確認できるほどの大きさだったため、現地観測が終了したあとも時々画像を訪問して当時を懐かしく思い出していました（ちなみに右下の重量式雨量計にも風よけが付いているのをお気づきでしょうか？）。

二重フェンス雨量計は無事完成し、ばらまいた重量式雨量計にも簡易の風よけフェンスをつけて捕捉率を高め、なんとかモンスーン期間中の捕捉率も加味した降水量データを取得できました。データを解析すると、総降水量は他の寒冷地と同様に数割増加し、南から侵入するモンスーン気流に整合して南部ほど降水量が増加するという結果を得ました。[13)] しかし、どう頑張っても積算降水量が 1000 mm を超えるほど多量にはならないのです。さらに、体験したかぎりではモンスーン期に現地で雪はあまり降らないようです。一方で、日中よりも夜間の方が降水量が多く、夜間に降水が発生する時は数日にわたって継続する傾向にあることも解かってきました。[14] またも、第 1 章で取り上げた“夜雨”です。しかも、今回の観測域は深い谷間ではありません。日中に頻繁に積乱雲が立つのになぜ降水量を稼げないのか？　これらの雲の源となる水蒸気はどこから来るのか？　なぞは深まるばかりです。

世界初のドップラーレーダー観測

そもそも雨量計を使った点観測で面的な降水活動を把握するのに無理があることは、現場で直面した現象のスケールからなんとなく気が付いていました。遠隔地の降水量分布を把握するもう 1 つの手段として、衛星画像の活用を考える必要性は以前にも述べました。当時は気象レーダーを搭載した衛星はありませんでしたが、近赤外画像データを使って降水量を推定するスキームは提案されていました。[15] 近赤外データは雲頂温度をとらえていますから、背の高い雲(例えば積乱雲）ほど多量の降水を生じやすいという仮定がスキームに反映されていました。ならば【図 2.4】のような積乱雲からの降水もとらえることができるかもしれません。皆さんも静止気象衛星“ひまわり”の近赤外全球画像を気象庁のホームページから見られますね。その画像でチベット高原を探してみましょう。西の端っこで良く見えませんね。そこで、デジタルデータを入手しおそるおそる幾何補正してみました。すると、なんと高原上に大きく渦を巻くような雲列が映っているではありませんか【口絵 2】。しかも、雲の渦は形を変えながら日変化しており、台風のような低気圧性の回転ではなく、高気圧性（時計回り）の回転を示しているようです。これは高原の加熱を受けて上層に運ばれた空気が、圏界面（成層圏との境界）で発散して高気圧を形成しているためです。さて、このような毎時の雲の情報が得られるのなら、時間降水量も推定できそうです。そこで、観測された雨量計データと近赤外データの相関関係から高原上の降水量を推定してみました。[16] 確かに昼夜で降水域が異なる様子は高原スケールで示せたのですが、日々の雨量変動が精度よく再現されません。特に現地で雨が降り出す前のいわゆるプレモンスーン期にも多量の雨が推定されてしまいました（あとから見返すと、プレモンスーン期には降水を伴わない雲活動が活発になることを意味していました）。さらにヒマラヤとチベット高原を比較すると、前者では地形に沿った低い層状の雲が卓越しやすく、[17]チベット高原の観測値に推定値を合わせるとヒマラヤではますます降水量が過小評価されています。これは、近赤外画像が背の低い夜雨を見逃しやすい事を意味します。そこで、“チベット高原では日中に発達する背の高い対流雲に見合っただけの降水量が生じないことが本質的なのではないか”と考えるようになります。物事の辻褄が合わない時ほど発見があるかもしれません。

ところで、山の上の降水も重要ですが、海上の降水も全球の気候変動のしくみを考える上で非常に重要です。なんといっても地球の 7 割は海洋で、その上に測候所はありません。海洋は陸面より長い時間スケールで大気運動と密接に相互作用しています。皆さんはエルニーニョ／ラニーニャという現象を耳にしたことがあると思いますが、これも大気海洋相互作用で生じている長期の振動現象です。この振動に関わる大気加熱と雲・降水活動との関係には不明な点が多く残されています。一方で、大雨をもたらす台風や梅雨前線が、日本に上陸する前の海洋上でどのような 3 次元構造となっているかも天気予報にとって非常に重要です。気象レーダーが雨雲の動きを映し出す様相はご覧になると思いますが、遠方の海洋上までは見渡せません（昔、富士山の山頂で気象レーダーを運用していましたが、あれは貴重な観測でした）。ならば、これを衛星に搭載し宇宙から雨を観測しましょう、という日米の国際プロジェクト（Tropical Rainfall Measuring Mission, 通称 TRMM）が 1997 年に始動しました。そして、TRMM 衛星が観測したレーダーデータを検証する目的で、チベット高原上でも地上レーダー観測を行おうという大胆な計画が、当時の宇宙開発事業団（NASDA）／地球フロンティア／国立大学の研究グループで進みだします。[18]地上の気象レーダーは遮蔽物の影響を受けないなるべく高いところに設置する必要があり、都市部では円形のドームで覆いビルやタワーの屋上に設置されています。長野県・車山の山頂にポツンと丸い建築物があるのをご存じでしょうか？　あれも気象レーダーです。しかし、チベット高原までレーダーを持っていくとなるとこれは一大事です。5000 m の高地で動くレーダーなど誰も設計したことが無いので、例えば“ハードディスクは風圧で浮いているから、デー

図 2.6 那曲市郊外の丘に設置されたNASDA ドップラーレーダーと尾流雲（1998 年 8 月 17 日撮影）

タシステムを加圧棚に収める”なども検討されました。電気が無いと動きませんから、大型の発電機もはるばる陸路で輸送する必要があります。落下する降水粒子の速度が検知できるドップラー機能も搭載し、雨域の動きもとらえられる設計にしました。1 年以上の歳月をかけてチベット仕様の“ドップラーレーダー”が完成し、設置場所の視察や輸送の段取りを行った上で、1998 年 5 月にようやく那曲市の南の丘の上に設置されました【図 2.6】。チベット高原上でのドップラーレーダー観測は世界で初めてです。今ならそれこそ NHK で放送されていた“プロジェクト X”で紹介されても良い大型プロジェクトでした。

TRMM プロジェクトの主衛星は気象衛星ひまわりのような静止衛星ではなく、数日に 1 回飛来する極軌道衛星です。この飛来に合わせてレーダー観測を行うために、アンテナを周回させながら角度を少しずつ変化させて周囲約 100 km の降水域を観測するモードと、一定の方角にアンテナを固定し、角度だけを変化させて鉛直断面を測るモードを組み合わせて、9 月の雨季終了まで集中観測が実施されました。降水が発生していない期間も記録するために、発電機の燃料交換時以外は連続で運用されました。今までは雨量計データや静止気象衛星でしか議論されてこなかった高原上での降水雲の立体構造や活動分布の季節変化が、レーダー観測により初めて明らかにされたのです。日中の陸面の加熱とともに急速に発達する積雲対流が時には渦状の構造を持ちながら組織化する様相や、夜間に広域に広がる層状降水がちゃんと TRMM 衛星と同期して把握されているなど、[19] 今までに得られなかった新しい知見が次々と得られたのです。そして、取得された 3 次元連続データは国際的に公開され、今でも多くの研究者に活用されています。一方で、TRMM 衛星も予想以上に長寿命で運用され、ミッションは大成功となりました。現在は、この後継となる全球降水観測計画（通称 GPM）により、雨雪を判別できる 2 周波降水レーダーを搭載した衛星が高緯度まで観測範囲を広げて皆さんの頭上で活躍中です。

地面に届かない雨

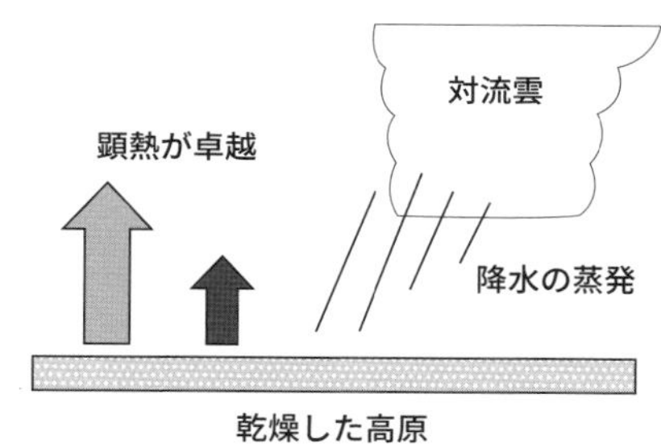

図 2.7　陸面の湿潤化に伴う雲底高度の低下と雨量の増加（Yamada and Uyeda, 2006 の図 17 を加筆修正）

レーダーサイトは那曲市内から車で小 1 時間南下した小高い丘の上にあり、高原を一望できる絶景地でした。レーダーも含めて多くの気象測器が自動で運用されていたため、測器のメンテナンス以外の時間は空を眺めて過ごす時間が十分に取れます。高原上ではどの雲も低く浮かんで見え、小さかった積雲が見事に成長してかなとこ雲へと変化する一部始終が撮影できます。高原上で発達する大気境界層は非常に深く、冬季は対流圏界面（成層圏と対流圏の境界）に届く場合があることも報告されていますが、[20] これらの積乱雲は毎日のように圏界面を突き抜け、水蒸気を成層圏に送り込む重要な働きを担っているようにも見えます。竜巻を伴っていると思われる漏斗雲の出現をレーダー観測隊員から教えてもらうこともあれば、**ガストフロント**＊とおぼしき突風に見舞われることもあり、目の前で繰り広げられる“気象劇場”は尽きません。積乱雲から降る雨の様相をよく見ると、雲底から落ちてくる降雨が地上まで達していない、いわゆる“尾流雲”が頻繁に見られます【図 2.6】。どうも途中で蒸発しているようです。これでは、いくら衛星や気象レーダーで活発な降水活動をとらえても、雨量計は降水を検知しません。あれ……これって雨量が少なく見積もられる要因では？　これは、根本的な発想の転換でした。

その後、Yamada and Uyeda（2006）はレーダーデータと客観解析データからモンスーン期中の降水事例を丹念に分類し、陸面の湿潤化に伴う降水量増加のメカニズムを突き止めました。[21] 元論文の図 17 を簡略化したものを【図 2.7】に示します。陸面加熱に伴い発達する降水雲では、モンスーン初期には顕熱が卓越するため落下する降水が下層で蒸発して地面に到達する雨量が少なくなるが（上段）、モンスーンが進行して地面が湿りだすと潜熱が卓越して下層が湿潤化し、それに伴い雲底も低下して降水量が増える（下段）というのです。広大な高原上の雲や降水の構造が陸面状態の変化と強く結びついている事を示す素晴らしい成果です。一方で、降水の始動時刻をレーダー画像から丹念に調べると、雨季の開始直後は昼過ぎには降雨が開始しますが、その後、徐々に開始時刻が夕方へと遅延し、雨季がしばらく中断すると開始時刻が正午にリセットされる様相もとらえることができました。[22)] 降水に伴う地表面の湿潤化が大気の顕熱加熱を日変化スケールでも遅延させた結果であると推測していますが、このような対流活動の遅延が土壌水分観測が行われていない主に山岳域で生じているため、検証には至っていません。

ところで、地上に届く降水量が少ない割に、緑の大草原や湿地を目にする機会が多かった理由は何だと思いますか？　厳しい冬や乾季のことも考えると、植物は枯れてしまわないのでしょうか。空ばかり見上げていると忘れがちですが、もう 1 つの主役に凍土（厚い凍結した土壌層）の存在があります。特に積雪が少ない地域（例えばユーラシア大陸の北東域など）では氷河が発達しにくい代わりに凍土の発達が顕著です。近年の温暖化でシベリアの凍土が融解し様々な環境変化が報じられていますね。チベット高原でも 10 m の深さを超える凍土が存在すると言われています。私も地温計設置のために凍土の掘削現場に立ち会いましたが、凍り付いた岩石交じりの土壌は驚くほど頑強で、つるはしでも歯が立たない様相でした。この凍土は夏場は上部数 m が融解し、この部分は活動層と呼ばれます。ところが、地下には氷の層がありますから、少しの雨でも氷の層が止水面となり活動層に水が蓄えられます。その結果、地下水面は地上付近に止まり、低地では地上に顔を出して湿地や湖を形成します。すると、蒸発散量は増え、雲や降水の促進につながるというわけです。つまり、凍土は地表水が大気に戻る再循環を促すと考えられます。この再循環過程は水収支を考える上では見過ごされがちです。というのも、雨量計は降ってきた水の量だけを計測していますから、循環サイクルが早ければ早いほど見かけ上の降水量は増えることになります。最近の広域データ解析によると、夏場に再循環率が 8 割と推定される地域もあるといわれています。[23)] 500 mm 程度といわれる降水量でさえこのような水循環のおかげで成り立っていると考えると、もし凍土が消滅すれば雲も立ちにくくなり、日射が増えて高原の乾燥化が急激に進行するかもしれません。チベット高原の凍土変化も、様々な観点で研究が進められているようです。

ラサの近郊で植林を進める風景を目にしました。一見すると緑豊かな生活環境が整備されつつあるようですが、限られた地下水を蒸散に使ってしまったら下流の水資源はどうなるのか、ふと考えてしまいます。一方で、再循環が卓越しているとは言え高原は大河川の源ですから、川の流出量を補うだけの水（水蒸気）が外部から供給（移流）されないと高原は干上がってしまいます。ヒマラヤの夜雨を解説する章で日中はモンスーン気流と局地循環の相乗効果で谷の奥まで水蒸気が輸送される可能性を指摘しましたが、水蒸気は日変化を伴いながら下層でヒマラヤを乗り越えて侵入してくるのでしょうか？　次の節では高原外部からどのように水蒸気が流入するのかを考えてみたいと思います。

水はどこから？

チベット高原上へ水蒸気を流入させる第1の原動力として、モンスーンが想定されます。ベンガル湾やアラビア海は高原に最も近い海洋ですし、たしかに高原南部からヒマラヤにかけた雨季の開始は同期しているように見えます。しかし、そもそもモンスーン気流は4000 m級の高原に比べると層が薄く、天気図でも850 hPa（1500 m程度）で主流を特定する事が多いのです。その結果、客観解析データではモンスーン気流が高原を迂回し、インドシナ半島北部から中国南部まで到達し、その一部は西太平洋上を北上する気流と合流して梅雨前線の源にもなると分析されています。高原中央部まで水蒸気が多量に流入するためには、高原の標高より高い気層で水蒸気が流入する仕組みも考える必要がありそうです。もう一度、那曲流域で多量の日降水量が観測された日の大気循環場を客観解析データで分析してみました。すると、高原の南側（インド亜大陸周辺）で大気が大きく蛇行し（このような形態をトラフとも言います）、この時に500 hPa（5500 m程度）の高度で南から水蒸気を伴う気流が高原上に流入している様相が解析されたのです。[24)] この時の降水中の**同位体比***を調べると、水蒸気の起源は高原内で再循環により生じているものとは異なることが解かり

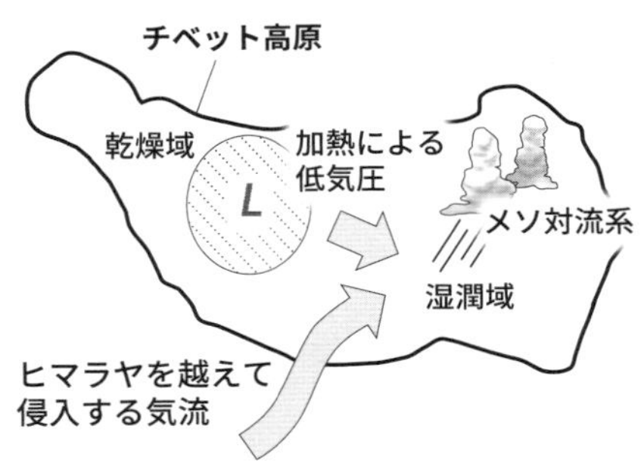

図 2.8　チベット高原東西の乾湿コントラストとそれに伴う低気圧およびメソ対流系の発生

ました[25]。高原内へのまとまった水蒸気移流は、高原以南の気流系の変動と連動して“間欠的”に生じている可能性を示しています。一方で、数日にわたるまとまった降水が夜間に発生しやすいことも指摘しましたね。ヒマラヤでは、夜雨の要因を局地循環の滞りとモンスーンの収束で説明しましたが、チベット高原ではどうやらトラフに伴い侵入する気流が高原中部で総観規模の収束帯を生じているようなのです[26]。ではなぜ日中だと顕著な降水帯が発達しないかというと、高原内の山岳域で活発になる対流活動が気流系を分散させてしまい、収束帯が顕在化しにくいからではないかと推測しています。これらの解析から、高原内への水蒸気輸送は谷風といった局所的なものだけではなく、高原全体を取り巻く特定の総観規模の循環場と連動している様相が見えてきます。

ところでチベット高原には森は無いのでしょうか？　実は高原東部には森林で覆われた深い谷も沢山あるのです。地図を見ると、インドシナ半島の北西に向けて何本もの大河川の上流部が集まってシワシワとした地形を構成していますね。森林域はその上流部にあたります。この辺りは高原中央部に比べると驚くほど湿潤な気候であるといわれています。私も一度ラサから東に谷を辿ったことがありましたが、道が急峻で谷がどんどん深くなり、いわゆる“高原”とは別世界でした。こんなに森があり川の水が地形を削るのですから、この辺りの降水量は中央部に比べてかなり多いに違いありません。なぜ東西でこんなに降水量の差が生じているのでしょうか？　もう一度、気象衛星ひまわりの画像を丹念に分析してみると、那曲で目撃した積乱雲に比べてずば抜けてスケールが大きい**メソ対流系***が高原東部で頻発することが解かりました。この形成要因を【図 2.8】を使って説明してみましょう。まず、高原の西側は乾燥しているので、陸面の顕熱加熱により地上付近に低気圧が形成されます（斜線円）。それが上空の風で南東域に移動しつつ、ヒマラヤを超えて侵入する湿潤な南風と南東部で収束して降水セルが発生します。さらにこれが組織化してメソ対流系へと発達するのです。[27] 自ずと東部の陸面は湿りますから、個々の対流雲で【図2.7】の下段で示した効果が生じるでしょう。つまり、高原の陸面が東西の乾湿コントラストを持っていること自体が気圧配置に影響を及ぼし、東側に降水を集中させ、かつ湿潤域を維持する役割を果たしているのです。今回は詳しく触れませんが、高原東縁を形成する西側盆地の地形もメソ対流系を生じる特異的な働きを持つことが解かっています。[28] まさに、高原スケールでの大気陸面相互作用ですね。ちなみに高原上で発達する擾乱（高原渦とも呼ばれています）が風下側に移動して低地に大雨をもたらすことは古くから指摘されてきました。[29] はたしてこれらの擾乱は本当に風下域の天候変化に寄与しているのでしょうか？　この点は、章の最後でもう一度触れてみたいと思います。

プロジェクトの進展に伴い現地にもリモートセンシング機材が投入されるようになり、断続的な大気鉛直構造のデータを数値シミュレーションに活かすことで、従来の客観解析データでは得られなかった大気加熱の鉛直構造や季節進行をとらえられるようになりました。[30] 高原上の大気がどのように加熱されるか、という基本的な問いに対しても、大気境界層での陸面加熱、積雲対流による潜熱加熱に加えて、大気上層での熱の移流[31]といった高原外部からの要因が存在することも明らかとなっています。最後にもう1つ、高原の南西部へ水蒸気が流入する大変面白い仮説を紹介しましょう。水蒸気が高原内に流入するためには比較的高い高度から直接侵入することが重要だと述べました。この水蒸気の持ち上げが、インド亜大陸で時折発達する深い対流により行われ、上空からチベット高原南西部に流入している可能性があるというのです。[32] 確かに、衛星画像で見るとインド洋に三角形に飛び出たインド亜大陸ではベンガル湾に沿って時折巨大なメソ対流系が発生します。ちなみに、このインド亜大陸もよく見ると南は乾燥したデカン高原があり、海岸沿いにはガーツ山脈といった複雑な地形構造をしています。これらの複雑な地形および陸面の乾湿状態とベンガル湾から侵入する湿潤モンスーンの相互作用も、この地域のメソ対流系の発生に影響を及ぼしている可能性があります。[33] つまり、チベット高原上への水蒸気輸送にはチベット高原以南の陸面の働きも重要となってくるのです。

冬の高原

地球温暖化に伴う異常気象の発生が世界中で指摘されるようになりました。地上気温の昇温率は均一ではなく、例えば北米大陸では北部、ユーラシア大陸では中高緯度で昇温率が高く見積もられています。この昇温率は標高にも依存していると指摘されています。世界中の高山で観測された気温の時系列を全球平均の昇温傾向と比較したところ、“高標高ほど地上気温の昇温率が大きい”というのです。[34)] チベット高原でも地上気温が全球平均以上の昇温率を示し、特に冬季の昇温が著しいとの報告もあります。[35)] いくつかの要因が考えられていますが、その1つに高標高域での積雪面積の減少が考えられています。雪や氷は白いですから日射の大半を跳ね返しますね。しかし、気温が上昇し雪が積もりにくくなると、雪の無い陸面から大きな顕熱が生じて気温が上昇し、さらに雪氷圏の縮小を引き起こすというプロセスです。アルベドが変わることで、ますます自分が溶けやすくなるので、アイス・アルベドフィードバックともいわれています。チベット高原は低緯度に位置していますから冬でも中高緯度に比べて日射量が大きく、雪の有無によるアルベドフィードバックの効果も大きいことが指摘されてきました。[36)] しかし、モンスーン期に現地で滞在したかぎり、少なくとも草原が広がる標高4000～5000 m帯では大雪に巡り合う機会はありませんでした。はたしてチベット高原はいつ白くなるのでしょうか？

そこで、当時のCEOPプロジェクトでリーダーをされていた大先生におそるおそる“モンスーン期以外の季節、例えば冬に雪の観測をしませんか”と申し出たところ、なんと快く了承いただくことができました。1回の観測でもかなりの予算が必要なはずで、“快く”かどうかは定かではありませんが、いまさらながら頭の下がる思いです。次の章で紹介しますが、大学の卒業研究で長野県から新潟県にかけた積雪観測を手掛けた経験がありました。この時も、名古屋大学の先生にお世話になったのですが、そのおかげで雪の観測を自前でできる自信はありました。一方、TRMMプロジェクトではマイクロ波センサーを搭載した主衛星により積雪や土壌水分を推定する研究も進行していました。そこで、チベット高原の積雪量の実態を把握し衛星による検証を行うという計画を立て、2004年2月にゴルムからラサまで踏査をすることになりました。

皆さんはスキー場などで雪を楽しんだ経験はあると思いますが、実際に雪を掘ってどのような積もり方をしているか観察したことはありますか？　詳細は第3章で紹介しますが、積雪は降雪毎に層を作りながら形成され、降雪や融雪の履歴が構造として記録されています。南極の氷床には過去の空気も保存されるため、掘削して大気組成の変化を分析することで、温暖化と二酸化炭素の関係が明らかにされてきました。チベット高原でも、氷河を掘削しアジア山岳域の過去のモンスーン活動を推定する研究が多く実施されています。[37)] しかし、高原の平地に積もった積雪の実態を詳細に記述した論文はなかなか見つかりません。はたして夏に訪れた大草原はどんな白銀の世界に変貌し、積もった雪からどのような冬季の気象履歴が読み取れるでしょうか？　ワクワクしながら、断面観測用の機材を携えていざ出発です。

今回も、夏と同じようにゴルムドから南下して那曲を通過するルートで車を走らせました。夏は泥まみれの道に悪戦苦闘しましたが、冬は土木工事が中断し路面も凍り付いているため、どんどんと距離が稼げます。外気は－10℃以下の低温ですが、低緯度なので日差しは十分で車内は暖か。むしろ、曇天で雨が降りしきるモンスーン期の方が、じめじめして寒かったかもしれません。路面の氷も解けませんからスリップすることもなく、雪景色のクンルン山脈の景観を楽しみながら旅は順調に進みます。高原に入りタングラ山脈に近づいてきたので、雪がどんどん深くなると期待して車窓からビデオを回します。雪はどんどん深くなり、視界を遮る吹雪のなかチベット仏教の象徴ともいえるタルチョ（旗）がたなびくチベット自治区についに到着、と映画に出てくるようなシーンを紹介したかったのですが、あれ、なんか思い描いていた様子が違います。たしかに山は雪に覆われています。しかし、いつまでたっても積雪と地面が混在した風景がほとんどで、日本で見られるような1mを超す積雪などは出現しません【図2.9】。冬にもかかわらずヤクが“モソモソ”と枯草を食んでいる所もあります。このまま走ると那曲に着いてしまうので、観測開始です。一定の距離を走りながら近場の雪原へ飛び出して、機材を広げます。まず積雪深は、えーと、5 cm……？？　少し歩いて吹き溜まりのような凹地で30 cm……。新潟県上越市で掘った雪は3mもあったのに。その後もレーダー観測をした那曲までの行路沿いで、積雪深は40 cmを超えることはありませんでした。もち

図 2.9　冬のチベット高原（那曲市から南に移動した S10 地点周辺）。左手前の黒い点はヤク

ろん、山の上に登ればより深い雪原が広がっている場所はありそうでしたが、少なくとも当初想定していた“白銀の世界”と呼べる場所を行路沿いで見つけるのは至難の業です。各地点で積雪の被覆率を目視で特定すると、2～8割と様々です。必ずしも被覆率が大きい所ほど雪が深いわけではなく、微地形により吹き溜まりができやすい場所と均一に積もりやすい場所が混在しています。

実は、冬季の日本海側のように低地で数 m を超す積雪が生じる地域は世界でもまれです。これは暖かい日本海上を吹き渡る冬季モンスーンに伴い変質した気団が山岳列島に到来した結果です。一方、大陸内部の積雪は降水量が少ないため、一般的に乾いていて薄く、しばしば積雪域と非積雪域が混在して分布します。乾いた降雪は障害物がないと風で飛ばされ地面を露出しやすく、起伏や森・建物の影響を受けて地上の風が弱くなる場所では吹き溜まり積雪深も増

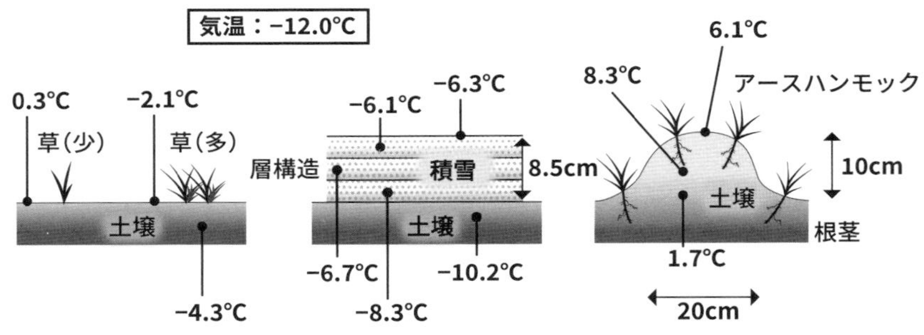

図 2.10　パッチ状の積雪周辺での、様々な陸面状態に応じた温度の分布
（2004 年 2 月 8 日、風火山峠周辺、標高 4960 m）

加します。このように、積雪は他の陸面状態と異なり移動しながら堆積することが特徴的で、これを積雪の“再配分”といいます。日本でも森の風上側や防風柵の近くで吹き溜まりを目にすることがありますね。そう、冬のチベット高原でも、平地の雪は実は再配分により不均一（パッチ状）に堆積するというのが特徴だったのです。

図 2.11　D110 観測地点の様子（2004 年 2 月 8 日）

“10 cm 足らずの雪でした”では大先生に叱られてしまいそうなので、頑張って断面の構造を記録し温度を測定してみます。【図 2.10】にその時の温度分布の様相をまとめてみました。すると、なんと 10 cm 程度の雪の断面にもちゃんと層構造が残っているではありませんか。現地で数回の降雪イベントが発生したことが解かります。さらに、気温は－12℃であるにもかかわらず、地面が露出した**アースハンモック***では 8 ℃以上の所もあります。たった数 10 cm の距離で 20 度近い温度差が生じている事になります。積雪域の端は上面がテラスのようにせり出し、高温の地面からの長波放で融解・昇華していることが窺えます。雪の無い草地では、草の多少に応じて地表面温度も変化しています。日本人は細かいことが好きだと言われそうですが、それならそれを特技とし、通年で稼働している気象測器からデータを回収して、薄くてパッチ状の雪の形成環境を一生懸命まとめました[38)]。

気象データの回収時に、もう 1 つの発見をすることになります。観測地点はなるべく平坦な場所が選定されているのですが、遠くから車で近づくと明らかにそこだけ白いのです【図 2.11】。移牧でやってくるヤクを除けるためにフェンスを設置しているのですが、測器やフェンスといった人工物が弱風域を生じ、雪が吹きたまっているようです。これこそ高原上の雪は再配分の影響を強く受けている証拠だと喜んで写真を撮っていたのですが、よくよく見ると、積雪深計やアルベドを測定している放射計もこの吹き溜まりの中に鎮座しています。ここで観測された雪のデータは果たしてこの地域を代表しているのでしょうか？　さらに考えると、同じように設営された観測地点で同じように吹き溜ま

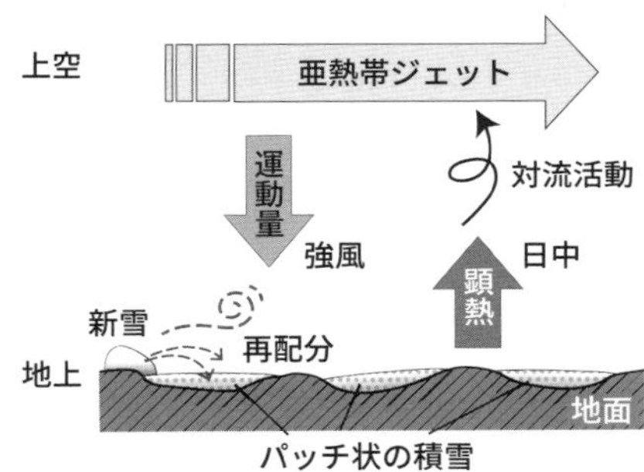

図 2.12　パッチ状の積雪が作り出す対流活動と積雪再配分へのフィードバック

りが生じていればそこでも雪ありという評価になりますね（実際、立ち寄った他の観測地点でも吹き溜まりが確認されました）。これらのデータを信じて解析すると冬の高原は真っ白と解釈されます。あれ、これって現実でしょうか？　このデータに整合するようにシミュレーションや予報研究が進むと非現実的ですね。ここまで読んでいただけた読者の皆さんなら、言いたいことを理解していただけたかと思いますが、“現場を見ないとデータを誤って解釈することが多々ある”のです。ちなみに、夏場もフェンスの中と外で草丈が大きく違い、面白い考察ができます。詳しくは『山岳科学』（古今書院）にコラムを掲載しましたのでご覧ください。

積雪の再配分が発生しているのであれば、強風はいつ発生するのかが気になります。そこで、風速のデータを見てみると、これも驚くことに日中になると 10 m/s を超えるといった顕著な日変化が解析されました。標高が高ければ風も強くなる、と考える方もいらっしゃると思うのですが、どうやら高標高が原因ではなく、冬も大気と陸面の相互作用が生じているようです[39)]。【図 2.12】をご覧ください。実は、チベット高原の上空（標高で 8 〜 13 km 程度）には冬場になると亜熱帯ジェット気流という強風域が位置するようになります。この高度は高原の標高よりはかなり高いです。積雪は不均一ですから、【図 2.10】で示した高温部分で日中に顕熱が生じ、上空で対流活動が活発になります（【図 2.12】の右側）。すると、このジェット気流と混合が生じ、運動量が下方に輸送されて地上にも強風がもたらされるようになるのです（同図の左側）。そうすると、新雪は吹き飛ばされて再配分が生じ、パッチ状の積雪域を維持することになります。絶妙なバランスで積雪分布が維持されていると思いませんか。そして、このサイクルを崩す白銀の世界となるためには、吹き飛ばないほどの多量の大雪が広範囲で生じる必要がある、つまり、冬でも降水量の大小が決め手となるのです。今回観測されたパッチ状の積雪状態を加味して衛星から積雪深を評価する方法も開発され、[40] 冬のチベット高原も地球観測を行う上で重要な拠点だと再認識されています。一方、夜間は地上に安定層が形成され、上空の気流は安定層の上面を吹き抜けます。ちなみに冬に関東平野で生じる空っ風でも同様の原理で地上風に日変化が生じることが解かっています。[41]

今まで見てきた現地の降水や積雪の状態を考えると、ヒマラヤとチベット高原は同じ山岳域でありながらずいぶん異なる天候や景観を生み出している事がわかります。そして、これらの地域は様々なスケールにおいて大気と陸面の相互作用が生じる宝庫に見えてきます。私は 1 度だけ陸路でラサからカトマンズまで車で下山したことがあるのですが、[42] たった 3 日間で標高と共に景観と人々の生活様式が変化していく様子に驚きました。この風土の違いも相互作用の違いが生んだ産物です。高原上には、周辺の気候を左右したり人々の暮らしを支える湖が点在しています。近年は湖の拡大が報告され、氷河の融解ではなく降水・蒸発散量の変動を要因として指摘する研究もあります。[43] 湖の風下で晩秋の降雪日数が増加していることや、[44] 湖の果たす降水量増減効果をシミュレーションする研究[45]もあります。一方で、高原そのものが熱源として働いた場合、日本を含む風下域の天候にも影響を及ぼすという指摘もあり、[46] 実際に九州で大雨が降った事例で、直前に高原上で日中の陸面加熱に伴う活発な対流活動が発生していることも突き止められています。[47] 特に中国は高原上の気象観測が風下域の天気予報に非常に重要である事を認識しており、陸面状態の長期変化の把握も含め、地上観測網の整備[48]や衛星観測も駆使した高原スケールでのデータ解析が日々進展しています。[49] Third pole environment という国際プロジェクトも動いており、[50] 地球上でもっとも広大に広がるチベット・ヒマラヤ域がどのように気候変動の影響を受け、東アジアでの天候変化と連鎖していくか、これからも目が離せません。[51] 日本も国境を越えて学際研究に参加していく事が期待されています。

Column 2

キリマンジャロを行く　—山岳環境と共存する努力—

赤道直下にも氷河があるのをご存じですか？　アフリカ大陸の最高峰、キリマンジャロ（5895 m）には、山頂部に今でも氷河が残っています。地球温暖化の象徴として取り上げられ、数十年のうちに消滅するともいわれています。[52)] 氷河が無くなる前に、この目で一度は見ておきたい。この長年の夢を 2018 年 8 月にかなえることができました。ここでは、キリマンジャロが象徴する環境保護の現状を紹介してみたいと思います。この山の景観は、氷河だけではなく、東アフリカ高山の生態系の鉛直分布や過去の氷河拡大の痕跡を示す地形を残していることが特色です。[53)] これらを保全するために、入山料を払ってポーターとガイドを付け、食材から燃料まですべてを荷揚げしなければなりません。自前のペットボトルさえ持ち込み禁止です。その結果、山にはゴミ 1 つ落ちておらず、途中のヒュッテも快適です。同時に地元も潤い登山道も整備できる仕組みです。オーバーツーリズムを象徴する富士山も見習うべきかと個人的には思うのですが、欧米式の入山管理はなかなか日本では定着しないようです。いずれにしても、山岳環境と共存するためには、保護と活用のバランスが重要です。このバランスを考慮しつつ、地域の自然資源を活用した持続可能な経済活動を進めるモデル事業に、ユネスコの生物圏保存地域（ユネスコエコパーク）[54)] があります。ジオパークとともに、個人的に支援したい事業活動として付記しました。

さて、登山は 1800 m 付近の森林帯から出発します。標高と共に景観はシダや着生植物が生い茂る雲霧林へと変化し、4000 m 付近からは低層植生の**ジャイアント・セネシオ**[*]が生える亜高山帯に入ります【図 2.13】。植生限界を超えるといよいよ高山帯となり、火山性の砂礫がゴロゴロする急斜面を山頂カルデラに向けて登ります。山岳斜面に削られた過去の氷河地形とモレーンの跡を見ると、19 世紀まで存在してい

図 2.13　キリマンジャロ登坂中に散在するジャイアント・セネシオ（2018 年 8 月 14 日、標高 3700 m 付近）

図 2.14　標高 3000 m 付近に広がる雲海（2018 年 8 月 15 日早朝、ホロンボハットにて）

た氷河がこの 100 年で跡形もなくなっていることを実感します。ここまでの行程に最短でも 3 泊は必要となります。3 泊目は、元気な人は仮眠もそこそこに深夜に出発し、カルデラ上のギルマンズ・ポイントでご来光を迎えます。ここでもさらに元気な人は、カルデラを周回して最高地点を目指します。ペニテンテと呼ばれる世にも奇妙な雪の造形に囲まれながら緩やかな道を登ると【口絵 3】、ようやくウフルピークに到着です。大陸の最高峰を示す看板の前はツアー客で大渋滞です。遠方にかろうじて残っている氷河が見えましたが、さすがに体力は限界を迎え、触ってくることはできませんでした。

ここで私が注目した気象景観は、眼下に広がる雲海でした【図 2.14】。この雲海を構成する層雲は明け方には標高 3000 m 以下に立ち込め、途中で通過した雲霧林帯の標高と一致しています。雲海形成に伴う日射量と水蒸気量の標高による違いが植生の高度変化と密接に関係していることを物語っています。層雲の高さは内陸での夜間安定層に制限されていると考えられ、安定層が解消する昼頃には斜面を滑翔する層積雲に変化し消散していきました。そういえば、登山拠点となるアルーシャの朝が肌寒く感じられたのも、この層雲に覆われ標高も 1300 m を超えるためだったのでしょう。雲海を超える標高では非常に強い日差しとともに風も吹きだします。このような斜面に沿った大気の循環と雲の立ち方の関係を、Pepin *et al.* (2010) は見事に図化しています。[55] キリマンジャロ周辺の植生を変化させる（森を切ってしまう）と、大気の局地的な循環場も変化する可能性を指摘する研究もあります。[56] つまり、ここでも陸面状態と大気循環が密接に連動しているのです。

山麓に広がる森林帯では野生動物が育まれ、サファリツアーを楽しむこともできます。ところが、Google Earth で空から地勢を確かめてみると、びっくりです。緑地を閉じ込めるように幾何学模様の境界が山を一周しており、現地で見た自然景観はすべて国立公園の中での出来事だったことが解かります。行政が保全しているから、かろうじて今の景観が（そして、もしかしたら今の局地的な気候が）守られていると言えるのではないでしょうか。地理の授業でケッペンの気候区分を学びますね。これは世界の植生に着目した気候区分です。区分に応じて気候に順応する植生が繁茂しやすいことは確かですが、“現在の植生分布を構成する種と範囲は、既に人間が改変し管理している”ということを我々は忘れがちです。亜熱帯に広がるプランテーションも、日本の山を覆う人工林も、人間がかつて手をいれて造形したものです。もし、我々の生活圏の気候が近傍の植生の影響を受けているとすれば（第３章参考）、そこにはより広域で既に進行している人為的な改変の影響も含まれているのです。私たちは大気陸面相互作用に既に大きく加担していることを、キリマンジャロの旅は教えてくれました。

第２章、Column２の引用文献

（1）Yasunari T., 1994: Gewex-related Asian monsoon experiment（game）. *Advance in Space Research*, **14**, 161-165.

（2）Ohata T., Ueno K, Endo N., and Zhang Y., 1994: Meteorological observation in the Tanggula Mountains, Qingzang（Tibet）plateau from 1989 to 1993. Bull. Glacier Res., **12**, 77-86.

（3）小池俊雄, 1995: GAME観測計画 III: チベット高原. 水文水資源学会誌, **8**, 138-141.

（4）Sato T., and Kimura F., 2005: Impact of diabatic heating over the Tibetan Plateau on subsidence over northeast Asian arid region. *Geophysical research letters*, **32**, L05809.

（5）Koike T., 2004: The Coordinated Enhanced Observing Period—An initial step for integrated global water cycle observation, *WMO bull.*, **53**, 2-8.

（6）Zhang R., Koike T., Xu X., Ma Y., and Yang K., 2012: A China-Japan cooperative JICA atmospheric observing network over the Tibetan Plateau（JICA/Tibet-Project）: An overviews. *J. Meteorol. Soc. Jpn.*, **90C**, 1-16.

（7）Tanaka K., Tamagawa I., Ishikawa H., Ma Y., and Hu Z, 2003: Surface energy budget and closure of the eastern Tibetan Plateau during the GAME-Tibet IOP 1998. *Journal of Hydrology*, **283**, 169-183.

（8）Fujii H., and Koike T., 2001: Development of a TRMM/TMI Algorithm for Precipitation in the Tibetan Plateau by Considering Effects of Land Surface Emissivity, *J. Meteor. Soc. Japan*, **79**, 475-483.

（9）Yanai M., Li C., and Zhengshan S., 1992: Seasonal heating of the Tibetan plateau and its effects on the evolution of the Asian summer monsoon. *J. Meteor. Soc. Japan*, **70**, 319-351.

（10）Taniguchi K., Tamura T., Koike T., Ueno K., and Xu X., 2012: Atmospheric conditions and increasing temperature over the Tibetan Plateau during early spring and the pre-monsoon season in 2008, *J. Meteorol. Soc. Jpn.*, **90C**, 17-32.

（11）中井専人, 横山宏太郎, 2009: 降水量計の捕捉損失補正の重要さ. 天気、**56**, 69-74.

（12）WMO-CIMO, 1992: International organization committee for the WMO solid precipitation measurement intercomparison. Sixth session. Final report. Tronto Canada, Document CIMO/C-SPR-OC6, WMO, Geneva.

（13）Ueno K., and Ohata T., 1996: The importance of the correction of precipitation measurements on the Tibetan Plateau. *J. Meteor. Soc. Japan*, **74**, 211-220.

（14） Ueno K., Takano S., and Kusaka H., 2009: Nighttime precipitation induced by a synoptic-scale convergence in the central Tibetan Plateau. *J. Meteor. Soc. Japan*, **87**, 459-472.

（15） Arkin P.A., Joyce R., and Janowiak J.E., 1994: The estimation of global monthly mean rainfall using intrared satellite data: The GOES precipitation index（GPI）. *Remote sensing reviews*, **11**, 107-124.

（16） Ueno K., 1998: Characteristic of plateau-scale precipitation in Tibet estimated by satellite data during 1993 monsoon season. *J. Meteor. Soc. Japan*, **76**, 533-548.

（17） Kurosaki Y., and Kimura F., 2002: Relationship between topography and daytime cloud activity around Tibetan plateau. *J. Meteor. Soc. Japan*, **80**, 1339-1355.

（18） Uyeda H., Yamada H., Horikomi J., Shirooka R., Shimizu S., Liu L., Ueno K., Fujii H., and Koike T., 2001: Characteristics of convective clouds observed by a Doppler Radar at Naqu on Tibetan Plateau during the GAME-Tibet IOP. *J. Meteor. Soc. Japan*, **79**, 463-474.

（19） Shimizu S., Ueno K., Fujii H., Yamada H., Shirooka R., and Liu L., 2001: Meso-scale characteristics and structures of stratified precipitation on the Tibetan plateau. *J. Meteor. Soc. Japan*, **79**, 436-461.

（20） Chen X., Anel J.A., Su Z., Torre L., Kelder H., Peet J., and Ma Y., 2013: The deep atmospheric boundary layer and its significance to the stratosphere and troposphere exchange over the Tibetan Plateau. *PloS ONE*, **8**, e56909.

（21） Yamada H., and Uyeda H., 2006: Transition of the rainfall characteristics related to the moistening of the land surface over the central Tibetan Plateau during the summer of 1998. *Mon. Wea. Rev.*, **134**, 3230-3247.

（22） Ueno K., and Yamada H., 2018: Modulation of diurnal precipitation occurrences observed in the Tibetan Plateau during monsoon season of 1998. *Tsukuba Geoenvironmental Sciences*, **14**, 9-18.

（23） Gao Y., Chen F., Miguez-macho, and Li X., 2020: Understanding precipitation recycling over the Tibetan Plateau using tracer analysis with WRF. *Climate dynamics*, **55**, 2921-2937.

(24) Sugimoto S., Ueno K., and Sha W., 2008: Transportation of water vapor into the Tibetan Plateau in the case of a passing synoptic-scale trough. *J. Meteor. Soc. Japan*, **86**, 935-949.

(25) Kurita N., and Yamada H., 2008: The role of local moisture recycling evaluated using stable isotope data from over the middle of the Tibetan Plateau during the monsoon season. *J. Hydrometeorology*, **9**, 760-775.

(26) Ueno K., Takano S., and Kusaka H., 2009: Nighttime precipitation induced by a synoptic-scale convergence in the central Tibetan Plateau. *J. Meteor. Soc. Japan*, **87**, 459-472.

(27) Sugimoto S., and Ueno K., 2010: Formation of mesoscale convective systems over the eastern Tibetan Plateau affected by plateau-scale heating contrasts. *Journal of Geophysical Research*, **115**, D16105, doi:10.1029/2009JD 013609.

(28) Ueno K., Sugimoto S., Koike T., Tsutsui H., and Xu X., 2011: Generation processes of mesosclale conuective systems tollowing midlatitude troughs around the Sichuan Basin, *J. Geophys. Res.*, **116**, D02104.

(29) Fu S.M., Mai Z., Sun J.H., Li W.L., Ding Y., and Wang Y.Q., 2019: Impact of convective activity over the Tibetan Plateau on plateau vortex, southwest vortex, and downstream precipitation. *J. Atmospheric Science*, **76**, 3803-3830.

(30) Seto R., Koike T., and Rasmy M., 2013: Analysis of the vertical structure of the atmospheric heating process and its seasonal variation over the Tibetan Plateau using a land data assimilation system. *J. Geophisical Res. Atmos.*, **118**, 403-421.

(31) Tamura T., Taniguchi K., and Koike T., 2010: Mechanism of upper tropospheric warming around the Tibetan Plateau at the onset phase of the Asian summer monsoon, *J. Geophys. Res.*, **115**, D02106, doi:10.1029/2008JD011678.

(32) Dong W., Lin Y., Wright S., Ming Y., Xie Y., Wang B., Luo Y. Huang W., Huang J., Wang L., Tian L., Peng Y., and Xu F., 2016: Summer rainfall over the

southwestern Tibetan Plateau controlled by deep convection over the Indian subcontinent. *Nature communications*, **7**, 10925.

(33) Ueno K., Sugimoto S., and Kaneko T., 2021: Diurnal development of MCSs in the northeastern Indian subcontinent. International Conference on Clouds and Precipitation 2021, August 2, Online.

(34) Mountain research initiative EDW working group, 2015: Elevation-dependent warming in mountain regions of the world. *Nature Climate Change*, **5**, 424-430.

(35) Liu Z., and Chen B., 2000: Climate warming in the Tibetan plateau during recent decades. *International journal of climatology*. **20**, 1729-1742.

(36) Yasunari T., Kitoh A., and Tokioka T., 1991: Local and remote response to excessive snow mass over Eurasia appearing in the northern spring and summer climate. -A study with the MRI-GCM -, *J. Meteor. Soc. Japan*, **69**, 473-487.

(37) Yao Y., Thompson L., Yang W., Yu W., Gao Y., Guo X., Yang X., Duan K., Zhao H., Xu B., Pu J., Lu A., Xiang Y., Kattel D.B., and Joswiak D., 2012: Different glacier status with atmospheric circulations in Tibetan Plateau and surroundings. *Nature climate change*, **2**, 663-67.

(38) Ueno K., Tanaka K., Tsutsui H., and Li M., 2007: Snow cover conditions in the Tibetan Plateau observed during the winter of 2003/2004. *Arctic, Antarctic and Alpine Research*, **39**,152-164.

(39) Ueno K., Sugimoto S., Tsutsui H., Taniguchi K., Hu Z., and Wu S., 2012: Role of patchy snow cover on the planetary boundary layer structure during late winter observed in the central Tibetan Plateau. *J. Meteor. Soc. Japan*, **90C**, 145-155.

(40) 筒井浩行, 小池俊雄, 2013: チベット高原におけるAVNIR-2・MODISに基づく積雪深の評価手法の考案. 土木学会論文集B1（水工学), **69**, I_433-I_438.

(41) Kusaka H., Miya Y., and Ikeda R., 2011: Effects of solar radiation amount and synoptic-scale wind on the local wind “Karakkaze” over the Lanto Plain in Japan. *J. Meteor. Soc. Japan*, **89**, 327-340.

（42）上野健一, 2003: チベット―ヒマラヤ縦断紀行（ラサからカトマンズへの旅）.水文水資源学会誌, **16**,193-195.

（43）Song C., Huang B., Richards K., Ke L., and Phan V.H., 2014: Accelerated lake expansion on the Tibet Plateau in the 2000s: Induced by glacier melting of other processes? *Water Resources Research*, **50**, 3170-3186.

（44）Dai Y., Chen D., Yao T., and Wang L., 2020: Large lakes over the Tibetan Plateau may boost snow downwind: implications for snow disaster. *Science bulletin*, **65**, 1713-1717.

（45）Su D., Wen L., Gao X., Leppäranta M., Song X., Shi Q., and Kirillin G., 2020: Effects of the largest lake of the Tibetan Plateau on the regional climate. *J. Geophysical Res. Atmos.*, **125**, e2020JD033396.

（46）Wang B., Bao Q., Hoskins B., Wu G., and Lu Y., 2008: Tibetan plateau warming and precipitation changes in East Asia. *Geophisical Research Letters*. **35**, L14702.

（47）Sugimoto S., 2020: Heavy precipitation over southwestern Japan during the Baiu season due to abundant moisture transport from synoptic-scale atmospheric conditions. *SOLA*, **16**, 17-22.

（48）Ma Y., Kang S., Zhu L., Xu B., Tian L., and Yao T., 2008: Tibetan observation and research platform. *Bull. Amer. Met. Soc.*, **89**, 1487-1492.

（49）Yang K., Wu H., Qin J., Lin C., Tang W., and Chen Y., 2014: Recent climate change over the Tibetan plateau and their impacts on energy and water cycle: A review. *Global and planetary change*. **112**, 79-91.

（50）上野健一, 杉本志織, 2019: TPEプログラムの進展. PAN-TPEからHigh Pole to Polesへ. 雪氷, **81**, 3-6.

（51）Huang J., 他21名, 2022: Global climate impacts of laud-surface and atmosphere processes over the Tibetan Plateau. *Rev. Geophy*., **61**, e2022RG000771.

（52）Thompson L.G., Brecher H.H., Thompson E.M., Hardy D.R., and Mark B.G., 2009: Glacier loss on Kilimanjaro continues unabated. *Proceedings of the National Academy of Sciences (PNAS)*, **106**, 19770-19775.

（53）岩田修二, 2010: 赤道高山の縮小する氷河. 立教大学観光学部紀要, **12**, 73-92.

(54) 文部科学省, 生物圏保存地域（ユネスコエコパーク）https://www.mext.go.jp/unesco/005/1341691.htm

(55) Pepin N. C., Duane W. J., and Hardy, D.R., 2010: The montane circulation on Kilimanjaro, Tanzania and its relevance for the summit ice fields: Comparison of surface mountain climate with equivalent reanalysis parameters. *Global and planetary change*, **74**, 61-75.

(56) Fairman Jr.J.G., Nair U. S., Christopher S.A., and Mölg T., 2011: Land use change impacts on regional climate over Kilimanjaro. *J. Geophys. Res*., **116**, D03110, doi: 10.1029/2010JD014712

第3章

中部山岳域の森と積雪

山の天気は変わりやすい？

四季折々の日本の景観は、地域固有の天候と密接に関係しています。この章では、本州・中部山岳域を舞台とした観測研究を紹介していこうと思います。私と山との出会いは子供の頃に親に連れられた山歩きでした。山岳部に所属していたわけでもなく、学生時代には友人と北アルプスなどによく足を運びました。山に入ると、忘れ物があってもその場で代用品を考えるか、在るものでできる事を考えなければなりません。その結果身に付いた“自前で計画を立て準備する癖”が、フィールドワーク研究を生業とする上で非常に役立つことになります。

海外の山に足を運ぶようになって、改めて日本の山環境の特色に気が付きます。まず、山の森が豊かであるということです。この“豊か”とは、面積や樹種が多いだけではなく、開葉・落葉に伴い四季に応じた多様な景観（ランドスケープ）を生み、人々を魅了することを意味します。森林が陸域熱収支をどう変調させるかは、次の節で詳しく解説していきたいと思います。山登りの環境もずいぶん違います。登山道に関しては、実は海外の方が（たとえネパールでも）整備され（人の生活に利用され)、標識やデザインがシンプルに統一されて解かりやすい印象を持ちます。これは日本の登山道の整備が行き届いていない、という意味ではなく、人為的な劣化とともに[1)]、大雨や大雪といった激しい気象に見舞われているのが一要因ではないかと考えています。一方で、日本の山小屋のトイレがきれいなことや豪華な食事には驚かされます。どれだけ環

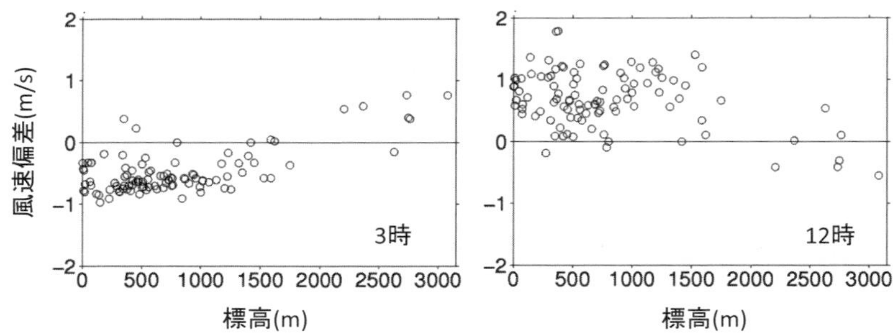

図 3.1 標高に応じた昼夜の風速の違い。夏の晴天日に日平均風速からの偏差で示している（Isono and Ueno, 2015 の Fig.3 を加筆修正）

境に負荷がかかっているかは興味のあるところですが、海外の山小屋経験に乏しいので、もう少し勉強してみたいと考えています。

さて、山の天気はどうでしょうか？　山小屋で夕食時に耳を大きくして聞いていると、決まって“山の天気は変わりやすいですから”という枕詞が登場します。ネパールでも大雪で山小屋に停滞したり、霧が立ち込めて危うく遭難しそうになったことがありました。山の天気は低地に比べてなぜ変わりやすいと感じるかを、日本を例にして考えてみたいと思います。

天候の急変を“体感”する要因として、総観規模の天気変化と接地境界層の兼ね合いを考える必要があります。まず、天気変化の基本形をおさらいしましょう。中緯度の偏西風帯に位置する日本付近では高低気圧が週間スケールで到来し、さらに台風や季節風は大雨・大雪・強風をもたらします。これらの気圧配置と山の天気予報の関係に関しては専門書が出ていますので[2)]、詳しくはそちらをご覧ください。地形に着目してみると、対象とする山脈の走向が南北なのか東西なのかによって、同じ気圧配置でも下層を吹き抜ける風系はかなり異なります。山に吹き込む大気が安定か不安定かで雲の立ち方が変化する事は【図1.10】で解説しましたが、一般的に風上側の気団が安定な場合は山を迂回しやすく、不安定な場合は山を乗り越えやすくなります。この風上・風下側というのは我々が山歩きをする時に忘れがちな情報で、当日どちら側から登るかはほぼ選択の余地がありません。そのため、風下側から比較的好天にめぐまれつつ登れることもあれば、風上側からずっと滑翔霧の中を登る羽目になることもあります。

境界層の日変化は風速の高度変化にも影響を及ぼします。全国で見るとアメダスはくまなく分布しているように見えますが、実は内陸地点のほとんどが谷間や低標高域に位置します。この風速データに高標高で測定されたものも加えて夏の晴天日における昼夜の違いを調べてみました【図 3.1】。この図では、各地点で、3 時と 12 時の風速から日平均風速を差し引いた値（風速偏差）と、各地点の標高の関係をプロットしています。すると、高所ほど日中に弱く夜間に強い風（谷間の風はその逆）が吹く傾向が見られます[3)]。【図 2.12】で説明したように平地では上空との運動量の交換が地上風の日変化を引き起こしますが、山岳域では山谷風循環の影響も加わります。屋内で仕事をしていると風の日変化を体感することはありませんが、長期の野外活動では自ずと天気変化として体感します。夜間は安定な大気（冷気）が下層に蓄積されると、その上を気流が吹き抜け強風域が生じる事があります（nocturnal low-level jet）[4)]。山で夜空に星が出ているのに強風に遭遇したらこの風を思い出してみてください。

次に、皆さんが山に出かける日程を振り返ってみましょう。実は 1 日で、1000〜2000 m くらいの標高差を（時にはロープウェーなども駆使して）一気に登ったり下ったりしませんか？　早朝に出発し、あわよくば樹林限界を抜けて見晴らしの良い頂上を踏破し、急いで下山して温泉に入って帰りたいですよね。我々はいくら高所を歩いていても地面から数 m の大気中で行動していますから、地面の加熱や摩擦の影響を受けた接地境界層の影響から完全に逃れることはできません。したがって、例えば森の中と外では体感する微気象には雲泥の差が生じます。さらに大気境界層から突き抜けた孤立峰に到達すると自由大気の影響を受けやすくなり、山影に入ったり夜間に盆地底に降りれば冷気の滞留を体感します。富士山の弾丸登山ではこれに気圧変化のストレスが加わります。欧米ではロングトレールを数日かけて歩くスタイルがありますが、これに比べて日本では短期決戦・てんこ盛り型の行程こそが“山の天候は変わりやすい”印象を生む可能性もあるように思えます。

日本の山の高さを海外のものと比べてみましょう。海外の人にとっては“日本の山＝富士山”であり、“富士山でも温暖化で雪が積もらなくなっているでしょう？”と聞かれることもあるのですが、あのギザギザ入りの白いトレードマークはキリマンジャロの氷河のように温暖化の指標となるでしょうか？　富士山は孤立峰で、標高第2位の北岳（3191 m）や他の3000級の山岳域から500 mも山頂が抜きんでていますね。実は我々が口にする“高山（こうざん）”に定量的な定義は無く、植生の鉛直分布に着目した“高山帯”はハイマツが分布する2500 m付近（北海道などはより低標高）を示すと言われます。仮に日本で1000～2000 m付近も高山としても、世界的に見たらかなり低標高だと認識した方がよいでしょう【図1.1】。ちなみに、日本と同じ島国の台湾では3000 mを超える登山峰が200以上あるそうです。

なぜ山の高さを世界と比較したかと言うと、平地で発達する大気境界層や降水雲の雲底を突き抜けるほど山が高い（高地）かどうかで、風土や人々の生活様式も変化するからです。海外では高地でも沢山の人が居住し生活を営みmountain peopleと呼ばれることもありますが、[5] 日本では山で暮らすと言っても天候が安定し地形がなだらかな低標高の山間地が生活圏となります。そこで周辺の資源を活用し循環型生活を営む形態がいわゆる“里山”です。“Satoyama”はSDGsの先駆けを行く地域資源の循環型利用形態という意味で、海外から注目されています。[6] 近年の気候変化は、この安全と考えられてきた山間地にも災害をもたらすことが懸念されています。以下では、標高は必ずしも高くはない里山スケールで、微気象と陸面状態がどのように関係しているかを紹介していきます。

それは霜柱だった

【図1.1】に示した大気境界層には、地表面の微地形や森・建築物などの影響をうける接地境界層が内在します。この中で卓越するのが、我々が体感する数m～数10 mスケールの“微気象”です。都会のビル風対策とか、お茶畑で発生する霜の予測には微気象スケールで卓越する乱流や気流系の物理過程を考える必要があります。特に、森林内の気層はキャノピー層とも呼ばれ、山岳域では大気と陸面をつなぐ接点（インターフェース）の役割を担っています。[7] 里山が利用する“山”も裏山の“森”を示す事が多いですね。そう考えると地形起伏ではなく森そのものが作り出す微気象も中山間地の環境を決める重要な要因ではないでしょうか。

【図 1.2】で陸面における熱収支の解析をしましたが、【図 3.2】を用いて具体的な森のインターフェースとしての機能を簡単に解説しようと思います。まず、水循環に関しては、降水が林冠（葉っぱがついている部分）を濡らし、そこから地面に到達する前に蒸発する過程（遮断蒸発）が生じます。ここで失う水量は流域規模で見積もる水収支のかなりを占め、降水後の早い時間帯で始動する事が明らかになっています。[8)]一方、森林は地中深くに根を張り、地下水や地中水を大気層までくみ上げる機能も持ちます。[9)]表層土壌の水より深い水を大気に直接放出する過程となります。この根っこの分布や深度を面的に把握することは難しく、地中水の挙動とともに不明点が多いようです。もう 1 つ重要なことは光合成に伴う大気とのガス交換の発生です。教科書の温暖化のページで登場する大気中の CO_2 増加傾向にギザギザした年変化があるのをご存じでしょうか。これは植生活動の季節変動を意味しています。つまり、温暖化の予測には、森林も含めた植生によるガス交換を考慮することが不可欠なのです。[10)]さらに、森林は地上付近の気流系と摩擦を生じます。森林の有無による局地的な気象変化を数値シミュレーションで再現すると、蒸発散より摩擦の効果が顕著と評価されることがあります。[11)]森林の多少により雲の立ち方が異なるという報告もあります。[12)]

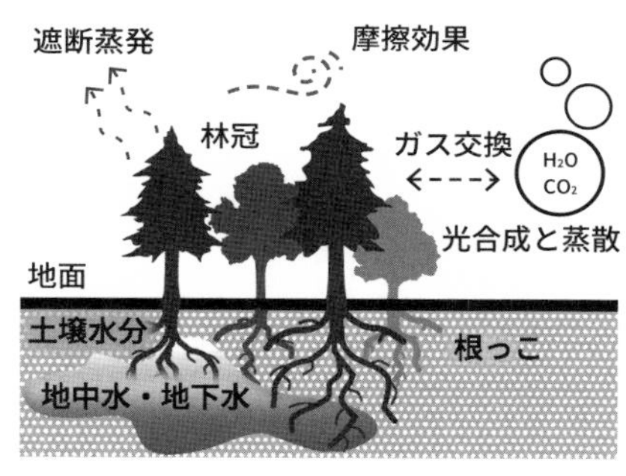

図 3.2　大気との相互作用で重要となる森林の機能

もう少し森に近づいてみましょう【図 3.3】。かなり上方に林冠が位置し、林幹と呼ばれる太い幹や枝の部分があり、人々が活動したり下層植生が繁茂する根っこに近い林床は地上から数 m の範囲です。林冠があれだけ高く聳（そび）えているのに、台風が来ても根元からな

図 3.3　森林内を歩く。静岡大学演習林内にて

ぎ倒されないのは、集団で生育しているからに他なりません。森林が風を防ぐ効果は絶大です。この知識を生かして、人々は家や田畑の周りに林を整備し、砺波平野の屋敷林や十勝平野の防風林といった地域特有の景観を生み出してきました。そういえば、コラムに書いたキリマンジャロで、サバンナや山の斜面に生える世にも奇妙な形の植物が印象的でした【図 2.13】。台風が来ないと植物たちものびのびと育つようです。一方で、平地の多いオランダで田畑の真ん中ににょきにょき伸びていたのは風力発電用の風車でした。風を防ぐ日本と利用するオランダでは、対照的な景観が生じることが良く解かります。

樹木が育つためには光環境も重要です。適度な植林間隔や間伐（森林の枝葉を落とす事）は林床部の下層植生の発達を促し、土砂災害の防止にもつながります。[13] キャノピー層内の微気象は森林の樹種や構造に大きな影響を受けています。[14] 樹冠が日光を遮蔽するおかげで夏場も涼しげな木陰が生まれ、夜間は樹冠が放つ長波放射のおかげで地表面の凍結も抑制されます。つまり、森林は微気象の日変化を“緩和”する効果を持ちます。もし山の斜面に森がなかったら、人々が暮らす里山の微気象はどれだけ変化するでしょうか？　そんなことは山火事でも起こらない限りありえない、という人がいますが、今の豊かな森は実は戦後の木材生産や水源涵養に向けた森林管理政策と、その一環として実施されてきた植林のおかげといっても過言ではありません。[15] つまり、山林の状態はこの 100 年で大きく変遷してきたのです。しかし、残念ながら戦時中に丸裸にされた山で行われた微気象観測に関する文献は見つからず、その変遷でどれだけ身近な気象を変化させてきたかは実証できません。少なくとも、今行われている皆伐（森林を丸ごと伐採すること）前後で気象データを比較すれば、森の有無が接地境界層に与える影響を把握できるかもしれません。そんなことを考えている時に、筑波大学山岳科学センター井川演習林で森林の皆伐が行われるという情報が飛び込んできました。

井川演習林は静岡県北部の南アルプス山麓に位置し、著しい造山運動に伴う斜面崩壊過程の研究が行われています。一方で、森林伐採も様々な水文過程を通じて土砂移動変化を生じ、[16] 冬季の表層土壌における凍結融解過程の変化もその一要因と考えられています。しかし、林内の微気象と凍結融解を同時に実測した例はあまり見当たりません。そこで、演習林の一部が皆伐されることを

図 3.4　皆伐された斜面で行う気象観測

機に地形学の専門家と共同で、一冬季の集中観測を実施することとなりました。プレッシャーゲージ（地面の上下運動を測る装置）と気象観測装置を、皆伐を行った（森の無い）斜面と近傍の林内斜面に設定し、比較観測を開始しました【図 3.4】。森が無くなると山肌は結構急な斜面ですね。ここでまず悩んだのが、急傾斜をどのように考慮して気象観測をすべきか(例えば放射計を斜面に平行に設置しなくて良いのか)という点です。地表面での熱のやり取りを単位面積あたりで考える時に、一般には垂直を基準とします。急斜面で同様に日射センサーを設置すると、通常は空しか見えない上側のセンサーに地面が映り、逆に下側のセンサーにも空が映ります。3 つの風杯がくるくる回る風速計は、よく考えると水平成分の風速を計測するように設計されています。これを垂直に建てると地面に沿って吹き上がる風速（上昇気流）は過小評価されます。そんなことを言い出すと、落下してくる雨滴も地表付近の風の影響を受け、雨量計上では斜めに落下しているはずです。観測マニアの人は考えただけで夜も眠れません。結局、平地の観測値と比較できるよう通常通り傾斜を考慮せず垂直に設置することになるのですが、現場で色々と悩んだおかげで山間部特有の気象を意識し、データ解析時に実態に即した解釈ができるようになります。“研究者は現地に行く必要がありますか？”と聞かれれば、私の答えは“Yes”となります。

苦労して設置した測器から回収されるファーストデータ（一番最初の生データ）を目にする時のドキドキ感は、釣り竿にかかった魚を引き上げるときの感触と似ています。私はその感触が楽しみなので、ノート PC を持ち込み、“どうかデータがとれてますように”とおまじないをしてから、測器からデータをダウンロードし始めます。一番ショックなことは測器が動いていなかった時です。その時を想定した準備が実は大切。冷静に故障の要因を特定し、持参した予備のセンサーと交換すれば即座に観測の再開ができます。これを怠っていると、機材交換のための更なる手間と旅費が生じ、最悪な場合は狙っていた天候

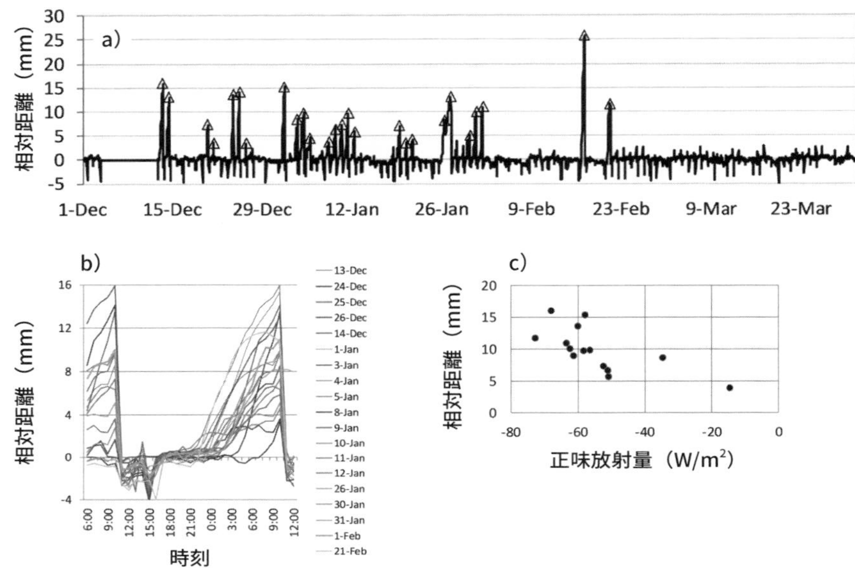

図 3.5　a) 井川演習林の皆伐区（林外）におけるプレッシャーゲージで測定された相対距離の季節変化
例えば 1-Dec とは 12 月 1 日を示している。△は当初ノイズが入っていると考えた日
b) ノイズと考えた日を 10 分単位で見た相対距離の日変化
c) 相対距離の夜間最大値と夜間平均正味放射量の関係

を逃します。あとは♨で精神的なリカバリーをすれば良し。

さて、井川の気象データには林内外の差でどのような違いが見られたのでしょうか？　日射量と風速は林外のほうが大きいのは一目瞭然ですが、気温は見た目にはあまり差がありません。山谷風によりここの斜面では林内外の空気は混ざっているようです。一方、プレッシャーゲージの値を見ると【図 3.5a】、林外のデータに著しいノイズが入っていました（もう少し丁寧に書くと、ノイズが無い日もありました）。一般に地中が凍結するとその膨張で地面が持ち上がるので、数日にわたる緩やかな変動がプレッシャーゲージに記録されているはずなのです。実際、林内のデータにはこのような変異がちゃんと記録されていました。残念ながら皆伐した斜面のプレッシャーゲージは故障のようです。

がっくりと肩を落として共同研究者と相談したところ、なんと測器は故障していないとのこと。そこで、気を取り直して時系列を拡大し、ノイズと思われた１つ１つの信号の日変化を丹念に分析してみました【図 3.5b】。どの日がどの線に対応するかは見えにくいと思いますが、少なくとも、夜になると徐々に地表面が持ち上がり、朝になると急に元の位置に戻る、という規則的な傾向を示しているのが一目瞭然です。しかも、持ち上がる高さは日々異なります。こんなヘンテコで規則的なノイズは今までに気象要素では見たことがありません。もしかして本当に地面が夜間にこんな風に持ち上がっている？　私は林外の放射データを引っ張り出してきて、夜間の正味放射量と地面が持ち上がる高さを比較してみました【図 3.5c】。案の定、両者には相関関係があるではないですか。正味放射量が小さい（放射冷却が卓越した）日ほど、距離が長い（高く持ち上がる）。そう、ノイズと思っていたスパイクは、実は放射冷却に伴う霜柱の成長を測定していたのですね。冷却量が大きいほど霜柱は成長し、斜面に直交方向に持ち上げられた土壌粒子は、日射で氷が解けると直下に落下します。傾斜角で換算すれば表層土壌の移動が試算できますから、気象変動と土壌運動がつながるわけです。一方、森林内では放射冷却が抑制されて見事に霜柱は発生しなかったのですね。

ところで園芸学の論文では、霜柱の成長には土壌水分とそれを効率よく供給する土壌の物性が需要であると指摘されていました。[17)] プレッシャーゲージが上手く霜柱が立ちやすい土壌に設置されたのは幸運でしたが、井川演習林は冬場に乾燥しやすい太平洋側の山岳域に位置します。どのように土壌水分が供給されるのでしょうか？　これも現地で時折撮影された写真にヒントがありました。残雪です。冬場の太平洋側では南岸低気圧が到来し、山では時折積雪が生じます。“ノイズが無い日もある”と書きましたが、放射データを見ると実はこの日は積雪が地面を覆っていたことが解かりました。これでは霜柱はできません。しかし、この積雪が解けることで土壌に水分が供給され、地面が出るとその水分を使って霜柱が発達していたのですね。森林の皆伐に伴う微気象の変化が表層土壌の移動を促進し、低気圧活動に伴う山の降雪が材料となる水を供給していることが、複数のデータの比較から明らかに成りました。[18)] 大学時代に先生がおっしゃっていた“観測データに無駄は無い”とは、まさにこのことです。

落葉・開葉と冷気湖の形成

森林の有無で微気象が変化することは解かりましたが、現実的には身の回りで広範囲の森が急に無くなることは山火事でも起こらない限りあまりありません。しかし、実は森が絶えず大規模に構造を変化させている現象をご存じですか？　そう、落葉樹が引き起こす開葉と落葉です。春の新緑や秋の紅葉は素晴らしい景観を生み、我々を楽しませてくれます。このような生物活動の周期と季節との関係（およびそれに関する学問）はフェノロジーとも呼ばれています。葉面積の大小に伴いキャノピー内の日射量や風速は大きく変化し、これに付随して植物体と大気間の熱水循環やCO_2などのガス交換過程に影響が及ぶことが明らかとなっています。[19] キャノピー層の気象を測るためには、林間タワーを建てるのが一般的ですが、森林の複雑な3次元構造を把握するために近年ではドローンや衛星も活用し、気候変動や温暖化と森林フェノロジーの関係を明らかにする研究が進んでいます。[20]

筑波大学山岳科学センター・菅平実験所内でも混交林（常緑樹と落葉樹が混ざっている森）内に林間タワーが設営されました【図3.6】。森林気象学の専門ではありませんが、異分野探求のためには素人であることを恐れず、何事にも手を出してみるのが私の流儀です。そこで、タワーの各高度に温湿度計を付けて気温の鉛直勾配の時間・季節変化を測ってみることにしました。フェノロジーを把握するために、地上にはLAI観測装置を設置しました。このLAIというのは葉面積指数（Leaf Area Index）の略で、この装置で林冠の葉の増減を間接的に測ることができます。1年間データを蓄積してみると、日中に最も高温となる気層が、開葉前には林床の笹の付近に位置し、開葉後は林冠部に移動することが解かりました。[21] また、開葉後でも、太陽高度の高くなる正午には日射が真上から差し込むようになるため、高温層が林冠のやや下へ移動しています。夜間は開葉前や落葉後ほど林床付近に安定な冷気層が形成されることも解かりました。放射環境はキャノピー層内の微気象をコントロールしている様子が良く解かります。一方で、日射が届く事で林床の植物は成長し、それとともに林内の放射環境も変化するので、長期的には森が微気象を変化させているともいえるでしょう。

図 3.6　菅平実験所の混交林内に設置されている林間タワー（22 m）。8 月（左）と 1 月（右）

ここで夜間の現象に注目してみましょう。都心の緑地から市街地へ冷気流が染み出す効果は既に報告されています。[22)] であれば、タワーで観測されたフェノロジー変化に伴うキャノピー層内の冷気層変化も、森林外の山間部の気温変動に影響を及ぼしている可能性があるかもしれません。菅平では、高原内の盆地に夜間の冷気湖が頻繁に生じます。[23)] であれば、この冷気湖の成長過程にも影響が及んでいるのではないかと考えつきました。菅平高原には気象庁アメダスがあり、ちょうど盆地底に設置されています。一方、実験所でもアメダスと同じ仕組みで気温を観測しています。両地点は水平距離で 2 km、標高差が 67 m ほど。気温を比較してみたところ、案の定、多くの夜間にアメダスの気温の方が低温となることが解かりました。2 地点の気温差から冷気湖の出現傾向と強度が把握できそうです。そこで、この気温差の日変化を通年で時系列にしてみたところ、毎年 5 月下旬から 10 月にかけて夜間の気温差が急に小さくなる（冷気湖の発達が弱まる）傾向が見えたのです【口絵 4】。この要因としてまず考慮したのが積雪の影響でした。山岳域が積雪で覆われた場合、高所ほど大気中の水蒸気の絶対量が少なく、積雪の熱伝導率も小さいために、晴天弱風時には放射冷却が卓越して冷気流や冷気湖の発生に有利に働くと考えられます。[24)] ところが、菅平高原における融雪や着雪の時期は 5 月や 10 月ではありません（図中の青矢印）。そこで LAI の時系列を照らし合わせてみると、気温差が変化するタイミングは森林の開葉／落葉時期と一致していたのです（図中の赤四角）。どうやら森林のフェノロジーが冷気湖の強度に影響を与えているという仮説は正しそうです。そうであれば、市街地のアメダスデータに都市の影響が及んでいるように、山間部のアメダスデータには森林が影響を及ぼしていることになります。

現実的な地形を考え、もう少し定量的に分析を進めてみます。まず盆地に冷気を涵養する流域を策定し、標高別の土地利用割合を調べてみると、盆地底では畑地が分布しますが、斜面の多くは落葉樹林が占めていることが解かりました。次に、斜面に沿った気温分布と過去の研究から大まかな冷気湖の発達高度を想定し、それが涵養されるだけの負の熱量を計算します。その熱量を落葉樹面積で除して単位面積あたりに換算すると、従来の研究で明らかとされる森林の日中の貯熱量以下となりました。[25] つまり、森林構造の季節変化は貯熱量変化を介して十分に冷気湖の成長に影響を及ぼすことが可能なのです。山岳斜面の森の有無により冷気湖の発達度合が大きく変化することを数値シミュレーションで明らかにした海外の研究成果も見つかりました。[26] 山間部の谷沿いや盆地は農業に利用されがちですが、夜間の気温変動はここでの農作物の成長にも影響しているかもしれません。一方で、山は標高が高いほど面積割合はどんどん小さくなりますし、北向き斜面では大気に対する熱的影響も弱まりますね。つまり、対象流域の被覆形態（Landcover）がどのような標高・日射依存性を持つかも考慮する必要があります。さらに、長野県スケールに拡大して考えると、都市が集中する上田盆地や長野盆地にも逆転層は発達しますが、ここの気候にカラマツのフェノロジーは関係していないのでしょうか？　調べてみたいことは山ほど出てきます。

パウダースノーが濡れている

本題である相互作用と少しそれるかも知れませんが、最後に日本の積雪と低気圧活動の関係に関して紹介しましょう。私と雪の研究との出会いは、大学の卒業研究時に取り組んだ“新雪中の化学組成の地理的分布”にさかのぼります。[27] 一見すると気象と関係なさそうなテーマなのですが、積雪中に含まれる化学成分を分析することで降水の起源やその時の気象状態が読み取れるという研究[28]に興味をひかれ、これなら1人でも（あわよくばスキーでもしながら……）観測できると考えたのがきっかけでした。積雪中にも塩分が含まれるのですが、その Na^{+} と Cl^{-} の比を調べると海水比と見事に一致します。これは、降水粒子が海塩核を中心として形成されている揺るぎない証拠です。ところが、積雪中の Ca^{2+} は海水比より多くなることがあり、土壌や人為起源の粒子が途中で混ざったり雪面に直接付着した結果を意味しています。自分が採取した試料が、大気の輸送過程や発生情報を教えてくれるというのは、なんだかロマンを感じませんか？　そこで、いろいろな場所で採取した新雪の化学組成を比較すれば、降水過程が自前で調査できるかと考えたわけです。しかし、4年次に雪の観測を行い卒業論文も書くのはほとんど不可能です。そこで、3年の冬に（指導予定の先生と十分に相談もせずに）観測に出かけるという暴挙に出たのです。当時は先生方に迷惑をかけまくる自分勝手な学生でした。菅平高原実験センター（旧称）を拠点として、降りたての新雪を上越市まで一気にサンプリングし、そのまま筑波に持ち帰って分析するという観測でした。雪道を自分で運転しながらの観測は、今考えると無茶な作業でした。しかし、この時にアドバイスをいただいた名古屋大学や北海道大学の先生のおかげで、第1、2章で紹介したヒマラヤ・チベットでのフィールド研究を開始することができたのです。人とのつながりは若い時ほど重要です。これ以降、観測のホームゲレンデは菅平ということになり、筑波大学の野外実験授業でも毎冬に実習を菅平で継続するようになりました[29]。

ところで、卒論当時は菅平高原といえば粉雪が舞う白銀の世界でしたが、どうも最近の積雪は濡れているように思えて仕方ありません。温暖化が冬の高原にも忍び寄っているのでしょうか？　それを解説するまえに、日本の冬の気象と積雪構造に関するおさらいをしておきましょう。寒冷な冬季の季節風は温暖な対馬海流上を通過して雪雲を形成し（気団変質）、山脈の風上で滑翔して多量の降雪をもたらします(山雪)。寒気そのものが暖かい海洋上に侵入するため、その上端では気温が逆転して大気は安定となり、雪雲はその下に閉じ込められます。そのために通常は雪雲の背が低く、低標高の山の影響も受けやすくなります。“トンネルを抜けるとそこは雪国であった”という有名なフレーズがありますね。私も上越にスキーに出かける時に、列車が谷川岳を貫くトンネルを抜けたとたんに音が静まり銀世界に突入する衝撃的な感触は忘れられません(これは新幹線では味わえません)。このように狭域で急激に天気が変化する境界を“天気界”というのですが、冬の天気界はまさに季節風に伴う背の低い雪雲が日本列島の中央を走る脊梁山脈で解消した結果です。但し、脊梁山脈は複数の山脈で構成され、東西の走向を持つとは限りません。その結果、天気界は中部日本では日本海側に一番近い東西に延びる山脈に沿って出現し、西日本では南北に走る山岳域に沿って太平洋側までせり出している所もあります。[30)]一方で、日本海上に生じた収束帯が平野部に侵入したり、上空に寒冷渦が到来して逆転層を壊して背の高い降水雲が生じると、[31)]日本海沿岸でも大雪（里雪）が発生します。このようにして低標高域でも湿った多層の雪（暖地積雪）が卓越することが本州の雪の特徴です。チベットの雪が薄くて吹き飛ばされる傾向であったことと対照的ですね。ちなみに日本海に近い立山連峰では山にカール地形が残り、谷沿いに残る雪渓が実は氷河であることも認定されています。[32)]

積もった雪は様々な雪質で構成されています。降ったばかりの新雪は密度が小さく、低標高域では暖気の影響を受けすぐに0度となり、液体水と共存して堆積します(湿雪)。一方、標高が高いと、液体水を含まない0度以下の状態（乾雪）で堆積し、パウダースノーと呼ばれるさらさらした状態も出現します。一方で、積雪は空気を含むため、溶けなくても時間経過と共に内部で水蒸気が移動します。すると、積雪粒子は刻々と変形し、自重も加わって密度が増加していきます。このような雪質を“しまり雪”といいます。一方、積雪上に暖気が侵入したり降雨が生じて0度に達すると、雪質は“ざらめ雪”へと変化し、粒形も丸く大きくなります。さらに雪温の勾配が大きくなると、同時に飽和水蒸気圧の勾配も生じるために積雪中の水蒸気輸送が活発となり、コップ状の結晶が成長し、“しもざらめ雪”が形成されます。この層は密度が小さい弱層で、雪を踏み抜く時に存在していることが多く、その上に多量の雪が積もると雪崩を引き起こす要因にもなります。[33)]積雪中で解け水が凍り付いて“氷板”を作る時もあります。すると、融雪水は妨げられて水みちができ、積雪構造はさらに複雑となります。このように一見ただ積もっただけの雪も、その中に我々が知らない世界が潜んでいるので、是非ルーペで積雪粒子を覗いてみてください(スマートフォンに付けられるクリップ式の顕微鏡が便利です)。

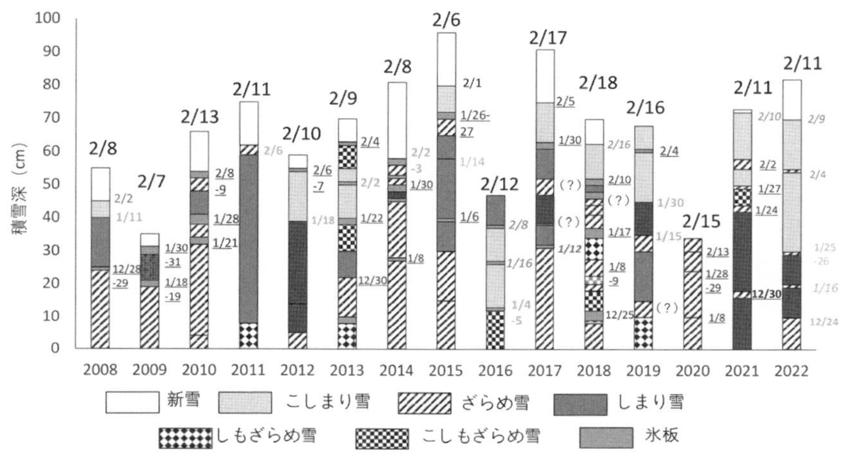

図 3.7　菅平実験所にて毎年 2 月中旬に実施している積雪断面構造の年々変化。棒グラフの上の日付（月／日）は観測日を、横の日付は層が形成されたと推定される日を示す

基礎知識がついたところで、菅平で観測された 2 月の積雪断面に見られる雪質構造を 15 年分眺めてみましょう【図 3.7】[34]。ざらめ層は一度積雪が 0 度に達して湿った経歴を示していますが、必ずしも近年ほどその割合が増しているわけでは無いようです。2019/20 年は異常な暖冬で本州の多くのスキー場で開業が危ぶまれましたが、断面図（2020 年）を見ると 2 月に既に全層がざらめ雪となっていることが解かります。年による積雪構造の違いを気象データと対比してみると、積雪深は積雪開始以後の積算降水量が多いほど増えますが、ざらめ層の占める割合は気温が高温なほど増えることが解かりました。さらに、雪の中に残された層が、単に気温が暖かくなった日を記録していると思っていたところ､その多くが降雨により生じていることも明らかとなったのです（図中、右側の下線付き日付）。菅平高原は標高 1200 m 付記に位置するのですが、この標高でも厳冬期に降雨が生じ、それをきっかけとしてパウダースノーも一気に雪質を変化させるようです。このような積雪上の降雨は全層雪崩や融雪洪水を誘発する可能性があるため、欧米では Rain on snow（ROS）と呼び、特異的な天候として注目されてきました。北極圏では ROS により積雪が氷状に固まり、野生動物の捕食が妨げられ大量死するといった被害も報告されています[35]。【ロ

絵5】に菅平高原の1500 m付近で撮影した2016年2月14日の春一番に伴うROSの発生と1日で変化した積雪の状況を示しました。この時は、風に飛ばされ裸地が露出した尾根部に降った雨が、地面に沿って雪面下を流れ、窪地に集まり、吹き溜まった積雪の下層を溶かしながら勢いよく流出していました(右側の写真)。ちなみに春一番というと春先（3～4月）を思い浮かべる方も多いかと思いますが、低気圧通過に伴う南寄りの強風の発生は冬季にも発生しています。しかし、立春以降の現象と気象庁が定義した関係上、見逃される場合もあります。

では、どのような気象擾乱がROSを生じるかというと、温帯低気圧の到来が主な要因で、これが中部山岳域における降積雪環境をややこしくしている主役なのです。というのも、温帯低気圧は一般的に季節風時に生じる雪雲より背が高い降水雲を伴うため、降水域は山脈の風上に限られません。その時に降雨となるか降雪となるかが標高や時間経過とともに複雑になるのです。例えば、移動する低気圧の前面では東風成分が卓越するため、南北に走る山脈の西側(例えば菅平）ではフェーンにより地上気温が上昇し、雪が雨となる可能性があります。[36] 降雪が継続する場合には要注意で、関東平野の大雪といえば南岸低気圧がニュースとなりますね。この大雪の条件として、沿岸前線の形成と寒気の蓄積などが指摘されています。[37] 低気圧の急発達が内陸山岳域で雪崩に伴う災害を引き起こすことも、度々指摘されてきました。[38] 2017年に発生した栃木県那須岳での表層雪崩事故もそうでした。特に、高標高域でどのような低気圧がどれだけの降雨をもたらしているかは重要だと考えています。なぜなら、【口絵5】に示したようにROSが積雪構造を急変させ、その後の水資源（例えば積雪水量の算定）や観光資源（例えばスキー場の雪質）に影響を及ぼす可能性があると考えるからです。私は残念ながら冬山登山の技術を持ち合わせていないので、高標高帯で積雪断面にどれだけROSの痕跡が残っているかを厳冬期に調べていただけるプロがいらっしゃると助かるのですが（笑)。

この課題に取り組むためにもう1つ重要な情報が低気圧の構造です。低気圧の構造というと、天気図上に描かれた温暖前線や寒冷前線を思い浮かべるかもしれません。しかし、低気圧は3次元構造を持つ気流系で構成され、[39] この気流系の組み合わせが低気圧の発達とともに時々刻々と変化し、地上付近の気温・

降水量分布を規定します。地上天気図に描かれた前線はその断片を示しているにすぎません。日本の低気圧は発達初期や発達中のものが多いですが、大陸西岸のヨーロッパでは終焉を迎えた低気圧が到来し、大陸上の気団と相まって、プロローグで言及したように見たこともない天気図ができあがります。冬季に本州内陸に多量の降水をもたらした低気圧を調べたところ、**閉塞段階***に入っている割合が少なくないことが解かってきました。[40)] しかし、地上の気象レーダー画像だけを眺めていても、降水の鉛直構造が不明なため、低気圧構造と対比させた分析が困難です。そこで目を付けたのが衛星観測でした。第 2 章で少し触れましたが、GPM プロジェクトで運用している気象レーダー搭載型の主衛星であれば、上空から真下を狙っての降水を列島スケールで 3 次元観測ができます。この衛星は静止衛星ではないので、観測頻度が少ないのが難点です。しかし、地上で多量の降水が記録された低気圧のうち GPM が列島上を通過している事例を一生懸命探してみると、うまく降水域をとらえている事例をいくつか抽出できます【口絵 6】。この事例では、太平洋側に面した山岳域上で、地形の影響を受けたと考えられる下層に集中する強雨や、東北内陸域の上空で比較的上層まで達する弱い降水域を検知しています。このようなレーダー画像と地上気象・客観解析データを組み合わせて解析することにより、閉塞前線を伴う低気圧性降水の構造（例えば、内陸でも降水量を増加させる原因となる低気圧前面に広がった背の高い層状性の降水域や、中心付近に上層から乾いた空気が侵入して対流雲が発生する状況など）をとらえることができました。[41)] 低気圧通過時には季節風時の雪雲とは異なり、低温型結晶からなる雪片が降る場合があり、このサラサラとした雪が雪崩を誘発する可能性も指摘されています。[42)] しかし、大雪や ROS の事例を GPM 主衛星がとらえる頻度は非常に少なく、データの蓄積が待たれるところです。

ところで雨か雪かを地上で自動的に観測する手段はないものでしょうか？気象台では従来から目視で天気（雪か雨かも含む）を判別していましたが、近年では**視程計***と呼ばれる自動測器で天気を判定するようになりました。菅平実験所でも 2010 年から天気計という装置で、霧や靄、降水の形態、降水の強度といったアメダスでは把握できない天候特性の自動計測を始めています。[43)] 自動連続観測は衛星観測やシミュレーションの検証にも役立つので、高標高地点への設置が望まれます。そもそも、日本は山国であるにもかかわらず高標高域における気象観測地点はリモートセンシング観測に置き換えられ、減少の一途を辿っています。それでも一部の大学や研究機関の努力で山岳気象の観測は継続されています。[44] 例えば、環境省や国土交通省は気象庁とは別に観測網を持ち、多くの大学には演習林があり、農林関係機関や自治体は独自の観測ネットワークを持っています。しかし、これらは別々に運用され、データの質や公開方法も様々です。一方で、地球観測データを統合化する動きも始まっており、[45] これらの山岳域に分散するデータも含めて包括的な分析ができる時代が来るとよいと思っています。

気候の将来予測によると、平地の積雪量が減少する一方で北陸や北海道ではドカ雪が増える可能性があるなど“雪の降り方”が昔と変わる可能性が指摘されています。[46] “雪の降り方”というのは強度や頻度を意味しており、“雪の積もり方も変わる”ということになります。雪の積もり方が変われば、そこの植生も変化するかもしれませんし、我々の生活形態も順応する必要があるでしょう。ところで、日本の山岳域は温暖化しているのでしょうか？　第2章で世界の高山では全球平均以上の温暖化が観測されていることを紹介しました。しかし、アメダスの高所地点の冬季気温変化を見る限り、顕著な昇温は検知されません。この“冬季”を高標高域でどう定義するのかが曲者で、例えば12月から3月までの平均としてしまうと、平均気温はこの間の**根雪期間***の長短に依存することが解かってきています。[47] つまり、冬の山の地上気温はアイスアルベドフィードバックに強く依存しているわけです。根雪期間の長期変化そのものが温暖化の影響を受けている可能性はありますが、雪の積もり方や溶け方は局所的に不均一なので、根雪期間の長期変動を面的に抑えるのは一苦労なのです。冬季平均や日最低気温には昇温傾向が見られないもう1つの理由として、“山の気象は凹地で測定されている場合が多く、そこでは周辺の陸面状態（例えば森林や積雪）の影響を受けた夜間の冷気涵養が卓越している”ことも考慮する必要があります。つまり、広域で生じている温暖化が夜間のデータも加えた日平均操作でかき消されている可能性があるのです。特に日本のような複雑地形域で、地球規模の気候変化を監視するためには、気象だけではなく森や雪や土壌の状態などをまるごと計測し、相互関係を評価できるスーパーサイトの構築が理想的だと思います。[48)] そして、そこで測られた多要素こそ、シミュレーションや衛星が排出する膨大なデータの検証に役立つでしょう。一方で、人間も実はスーパーサイト級の観察力を持っている事を忘れてはいけません。好奇心さえあれば。皆さんも、雪国を訪問した時は安全に注意して積雪の断面観測に挑戦してみてください。そこに残された履歴から、自分なりの思わぬ発見があるはずです。

Column 3

雲南の霧、日本の雲海　—発想のめぐり合わせ—

私が初めて海外の観測に参加させていただいたのは中国の雲南省、シーサンパンナ（西双版納）と呼ばれる少数民族が暮らす自治州でした。この時の霧の観測と、近年取り組んだ長野県での雲海観測のめぐり合わせを紹介したいと思います。この時参加したプロジェクトは、雲南省の山岳域で**小気候***と土地利用の地理学的な関係を調査する事が目的でした。[49)] 当時（1980年代）の中国では外国人の自由な旅行が認められておらず、日本円を兌換券と呼ばれる通貨に交換して使用していました。当然、ほとんどの人は英語も通じず、中国からの留学生さんと1か月ほど現地に滞在したのですが、身なりが中国人と似ているため、片言の中国語を多少勉強していれば、あとは筆談で簡単な買い物や食事ができた記憶があります。漢字を共通文字としてコミュニケーションできたことには驚きでした。

私が現地で行った主な観測は、景洪という町の周辺で気温の移動観測を行い、都市気候の存在を把握することと、近くの山に登ってカメラで霧の観測を行う事でした。移動観測というのは、車に気温センサーを付けて走り回り、気温分布がどのように日変化するかを把握する手法です。中国で私は車が運転できませんので、現地のドライバーさんに頼んで車を走らせてもらったのですが、中国語のできない私がどうやってコースや時間を伝えて観測を行えたのかは残念ながら覚えていません。記憶に残っているのは、夜中には町の真ん中を通過できた道路が、昼間になるとマーケットに変身していてコースを変更せざるを得なかったことや、こんな田舎でもちゃんと町を中心とした高温域が形成されるという発見でした。[50)] この時の経験は、滋賀県彦根市のヒートアイランド（都市域が高温となり熱の島を形成すること）観測にも生かされ、その時は**湖陸風***の影響で高温域が昼夜で移動する様子もとらえることができました。[51)]

一方で、霧の観測に関しては学生時代に経験したつくば市の霧を想像していたので、イメージがずいぶん異なるものでした。午前中は市内がどんよりと曇り、昼過ぎになると太陽が顔を出します。明け方に山に登ると眼下には一面の雲海が広がっており、これが目指す霧の正体だったのですね。この雲海の上と下とでは天気が大きく異なり、農作物の生育適正域を把握するために重要な情報となります。さらに、人間側も、日照は少なくても水に近い谷間を好む民族と、水場は遠くても日当たりを好む民族で住み分けがあるという話を聞きました。下界に住む犬は太陽を見て吠える、と言われるくらい毎日のように雲海は発達し、雲南とはよく名付けた名前だと感心しました。

ある日雲海がどのように解消していくかを撮影していると、どうも盆地の一部で明け方に小さな雲が雲海の中で立ちだし、この周辺から徐々に雲海が分裂していく様子をとらえたのです。[49)] この雲の正体は何か、雲海が晴れるまで待っていると、地上から煙突を備えた工場が出現しました。どうやら早朝に工場が始動し出したことがきっかけで雲海が解消したようです。当時から都市化に伴うヒートアイランドが境界層に及ぼす影響は教科書にも書いてありましたが、こういった形で人為的に下層雲が解消されるとは自分なりの大発見でした。ちなみに、早朝と書きましたが、中国全土で北京時間が統一されていますから、西に位置する雲南では朝の６時が出勤時間でした。

話は最近の研究に移ります。大学の卒業研究では自分が育った地域や慣れ親しんでいる場所の気象・気候を調べてみることも推奨してきました。“ご当地気象学”です。ある時学生さんが研究室にやってきて、“天体観測の邪魔になる下層雲の発生条件を調べてみたい”と言い出したのです。場所は長野県八ヶ岳が見渡せる入笠山から富士見高原にかけた一帯です。確かに天気予報では解からない局地的な現象はあるかもしれません。しかし、なんかパッとした落としどころが思い浮かばず、とりあえず現地へ行ってみました。すると、現地でスキー場を運営する会社が谷間の雲海を観光の目玉として宣伝しています。確かに、この一帯に発生する雲海は見事で、自分も何回か見物しに来たことがありました【図 3.8】。温暖化に伴う少雪や若者のスキー離れも考えると、暖候期のゴンドラ活用はビジネス戦略に欠かせません。そこで学生さんに雲海で卒論を書いてみないかと提案したところ、是非やってみたいということになりました。スキー場の全面的な協力でゲレンデの上から下までを観測に使わせていただけることになり、インターバルカメラも駆使した長期観測が始まりました。夏場の山で気象観測を行うなら、スキー場に限ります。さらに、気象衛星データから夜間の雲海域を中部山岳域で推定するアルゴリズムも構築できました。観測開始から 4 年、広域の雲海が山岳域で形成される時には高気圧に伴う沈降性の逆転層を伴うことや、雲海の高頻度発生域を衛星データから特定する手法を論文にまとめることができました。[52)]

図 3.8　長野県富士見高原一帯で発生する雲海（2018 年 8 月 28 日 7 時撮影）

ここで、霧と雲海の違いが何かを改めて考えてみましょう。前者は天気の一種で、視程で定義されますね。では後者は何者かを考えると、“自分より眼下に雲や霧が海のように広がる気象景観”。雲南で最初に感じた霧のイメージに関する違和感もこれなら解決です。そういえば、雲南の雲海を当時の気象衛星の雲画像で検出できないか、FAX で送られてくる画像データをデジタル化して四苦八苦しながら図化した記憶が蘇りました。[53)] 自分も同じような作業を昔々に試みていたのです。当時果たせなかった夢を学生さんが実現してくれたことになります。雲南、キリマンジャロ、そして今回の富士見高原。異なるフィールドですが、雲海は各地の自然や人々の暮らしと密接に関わっています。発想のめぐり合わせは偶然ではなく必然的なのかもしれません。自然との関わり方の理解が時代と共に変化し、深まることこそ地理学の醍醐味です。皆さんも発想を大切に！

第３章、Column 3 の引用文献

（1）渡辺悌二, 2018: 持続可能な維持管理に向けた登山道研究の進展：大雪山国立公園の事例. 地球環境, **23**, 1/2, 61-68.

（2）猪熊降之, 2011: 山岳気象大全. 山と渓谷, 320 pp.

（3）Isono J., and Ueno K., 2015: Diurnal variation of surface wind speed observed in the mountainous area of central Japan during sunny summer days. *J. Meteor. Soc. Japan*, **93**, 131-141.

（4）Kimura, F., and Arakawa S., 1983: A numerical experiment on the nocturnal low-level jet over the Kanto Plain. *J. Meteor. Soc. Japan*, **61**, 848-861.

（5）渡辺悌二, 上野健一, 2017: 山岳. サイエンスパレット. 丸善出版, 176 pp.

（6）Duraiappah A.K., Nakamura K., Takeuchi K., Watanabe M., and Nishii. M., 2013: Satoyama-satoumi ecosystem and human well-being. United Nations Press. 522 pp.

（7）Mencuccini M., Grace J., Moncrieff J., and McNaughton K.G., 2004: Forest at the land-atmosphere interface. CABI Publishing, 281 pp.

（8）近藤純正, 中園信, 渡辺力, 1992: 日本の水文気象.（2）森林における遮断蒸発量. 水文・水資源学会誌, **5**, 29-36.

（9）森林水文学編集委員会, 2007: 森林水文学ー森林の水のゆくえを科学するー. 森北出版, 352 pp.

（10）Pitman A.J., 2003: The evolution of, and revolution in, land surface schemes designed for climate models. *International journal of climatology*, **23**, 479-510.

（11）Kanae S., Oki T., and Mushiake K., 2001: Impact of deforestation on regional precipitation over the Indochina Peninsula. *J. Hydrometeorology*, **2**, 51-70.

（12）Cutrim E., Martin D.W., and Rabin R., 1995: Enhancement of cumulus clouds over deforested lands in Amazonia, *Bull. Amer. Soc. Met. Soc.*, **76**, 1801-1805.

（13）林野庁ホームページ （https://www.rinya.maff.go.jp/j/kanbatu/suisin/index.html）

（14）荒川眞之, 1995: 森林気象. 川島書店, 202 pp.
（15）柿澤宏昭, 2018: 日本の森林管理政策の展開.日本林業調査会, 238 pp.
（16）Imaizumi F., and Sidle R. C., 2012: Effect of forest harvesting on hydrogeomorphic processes in steep terrain of central Japan, *Geomorphology*, **169**, 109-122.
（17）金光達太郎, 1982: 霜柱の成長と土壌の物理性との関係. 造園雑誌, **45**, 230-235.
（18）Ueno K., Kurobe K., Imaizumi F., and Nishii R., 2015: Effects of deforestation and weather on diurnal frost heave processes on the steep mountain slopes in south central Japan. *Earth Surface Processes and Landforms*, **40**, 2013-2025.
（19）村岡裕由, 丸谷靖幸, 永井信, 2019: 山地森林の炭素循環と生態系機能の環境応答に関する長期・複合的研究の展望. 地学雑誌, **128**, 129-146.
（20）三枝信子, 柴田英昭, 2019: 森林と地球環境変動. 共立出版, 216 pp.
（21）Ueno K., Ueda S., Kanai R., Masaki D., Sato Y., Rin S., and Hirota M., 2017: Diurnal and seasonal variation of air temperature profile in the mountain forest at Sugadaira, central Japan. *Tsukuba Geoenvironmental Sciences*, **13**,1-12.
（22）成田健一, 三上岳彦, 菅原広史, 本條毅, 木村圭司, 桑田直也, 2004: 新宿御苑におけるクールアイランドと冷気のにじみ出し現象. 地理学評論, **77**, 403-420.
（23）吉野正敏, 1986: 小気候. 知人書館, 298 pp.
（24）小林俊一, 石川信敬, 1983: 積雪面上の冷気流の運動. 低温科学, 物理編, **41**, 55-64.
（25）Kusunoki K., and Ueno K., 2022: Development of a nocturnal temperature inversion in a small basin associated with leaf area ratio changes on the mountain slopes in central Japan. *J. Meteor. Soc. Japan*, **100**, 913-926.
（26）Kiefer M.T., and Zhong S., 2013: The effect of sidewall forest canopies on the formation of cold-air pools: a numerical study. *J. Geophy. Res. Atmosphere*, **118**, 5965-5978.

(27) 上野健一, 1993: 日本海沿岸から脊梁山脈にかけた新雪中の主要化学組成の分布. 地理学評論, **66**, 401-415.

(28) 鈴木啓助, 1983: 札幌における降雪の化学的特性. 地理学評論, **56**, 171-184.

(29) 上野健一, 川瀬宏明, 2020: 菅平高原での冬季実習を通じたフィールド教育. 雪氷, **82**, 85-99.

(30) 須田耕樹, 上野健一, 2014: アメダス（気域気象観測システム）データを用いた冬季天気界の抽出. 地学雑誌, **123**, 35-47.

(31) 吉崎正憲, 加藤輝之, 2007: 豪雨・豪雪の気象学. 応用気象シリーズ, 朝倉書店, 187 pp.

(32) 福井幸太郎, 飯田 肇, 2012: 飛騨山脈, 立山・劔山域の3つの多年性雪渓の氷厚と流動―日本に現存する氷河の可能性について. 雪氷, **74**, 213-222.

(33) 前野紀一, 遠藤八十一, 秋田谷英次, 小林俊一, 竹内政夫, 2000: 雪崩と吹雪, 基礎雪氷講座Ⅲ, 古今書院, 236 pp.

(34) 浪間洋介, 上野健一, 2024: 論文菅平高原における積雪層構造の年々変動と冬季天候パターンとの関係. 雪氷, **86**（2）.

(35) Putkonen J., Grenfell T.C., Rennert K., Bitz C., Jacobson P., and Russell D., 2009: Rain on snow: little understood killer in the north. *EOS Trans. AGU*, **90**, 221-228.

(36) 佐藤香枝, 上野健一, 南光一樹, 清水悟, 2012: 長野県菅平高原における冬季降雨の発生傾向. 水文水資源学会誌, **25**, 271-289.

(37) 荒木健太郎, 中井専人, 2019: 南岸低気圧に伴う大雪. Ⅰ: 概観, 気象研究ノート, 日本気象学会, **239**, 103 pp.

(38) 大矢康裕, 2021: 山岳気象遭難の真実. ヤマケイ新書, 260 pp.

(39) Browning K. A., 1986: Conceptual models of precipitation1 systems. *Wea. Forecasting*, **1**, 23-41.

(40) 安藤直貴, 上野健一, 2015: 温帯低気圧による本州中部内陸での多降水・多降雪の発現傾向. 雪氷, **77**, 397-410.

(41) Sawada M., and Ueno K., 2021: Heavy winter precipitation events with extra-tropical cyclone diagnosed by GPM products and trajectory analysis. *J. Me-*

teor. Soc. Japan, **99**, 473-496.

（42）石坂雅昭, 藤野丈志, 本吉弘岐, 中井専人, 中村一樹, 椎名徹, 村本健一郎, 2015: 2014 年 2 月の南岸低気圧時の新潟県下における降雪粒子の特徴, ―関東甲信地方の雪崩の多発に関連して―. 雪氷, **77**, 285-302.

（43）Yang Y., and Ueno K., 2022: Monitoring mountain weather variabilities based on decadal observations of the present weather sensor in the highland of Central Japan. 地学雑誌, **131**, 393-405.

（44）鈴木啓助, 佐々木明彦, 2019: 中部山岳地域における気象観測網の展開. 地学雑誌, **128**, 9-19.

（45）DIAS, データ統合・解析システム，https://diasjp.net/

（46）川瀬宏明, 2019: 地球温暖化で雪は減るのか増えるのか問題. ベレ出版, 254 pp.

（47）Ueno K., 2023: Assessments of long-term precipitation and temperature variations during snow cover periods using high-elevation AMeDAS data in central Japan. *Bulletin of Glaciological Research*. **41**, 1-14.

（48）上野健一, 磯野純平, 今泉文寿, 井波明宏, 金井隆治, 鈴木啓助, 小林元, 玉川一郎, 斎藤琢, 近藤裕昭、2013: 大学間連携事業を通じた中部山岳域の気象データアーカイブ. 地学雑誌, **122**，638-650.

（49）吉野正敏, 1993: 雲南フィールドノート. 古今書院, 244 pp.

（50）Nomoto S., Du M., and Ueno K., 1989: Some characteristics of cold air lake and fog in the Jinghong and Mengyang Basins, Xishuangbanna, China, *Geographical Review of Japan (Ser.B)*, **62**, 137-148.

（51）琵琶湖と環境編集委員会, 2015: 琵琶湖と環境, 未来につなぐ自然と人との共生. サンライズ出版, 455 pp.

（52）小林勇輝, 上野健一, 2021: 地上観測および衛星データに基づく, 中部山岳域における夜間の雲海発生傾向. 天気, **68**, 371-389.

（53）Yoshino M., Suppaiah R., Kawamura R., and Ueno K., 1988: Cold waves and winter monsoon in East Asia: with special reference to South China, *Science Report of the Institure of Geosciences, The University of Tsukuba*, **9**, 143-163.

エピローグ

長旅お疲れさまでした。最後まで読んでいただき、ありがとうございます。お疲れのところ恐縮ですが、各章の要点を少しだけ振り返ってみたいと思います。第1章では、ヒマラヤの氷河涵養に資する現地での降水観測に端を発し、航空機観測で見た雲の立ち方や夜雨の卓越の不思議を紐解きながら、シミュレーション研究や長期観測の重要性へと話を進めました。第2章では、ヒマラヤの背後に広がる広大なチベット高原へと舞台を移し、より面的に、立体的に降水システムをとらえるための観測研究の進展､高原が大気を加熱する仕組み、冬のチベット高原の積雪の実態を紹介しました。第3章では本州・中部山岳域を対象として、山岳域の森林が大気陸面相互作用に果たす役割を解説するとともに、山の積雪がどのようにして濡れるかを低気圧活動も交えて論じました。地球科学における相互作用の研究の醍醐味は、1つの要因に帰着させるものでは無く、多角的な視点で分析を進めることで、分野に跨るアイデアが（少なくとも自分なりに）芽生えることだと思います。それを手助けするために、レビュー論文に負けないくらい頑張って参考文献を付記しました。もうひと踏ん張りこれらに目を通してみると、より専門的な理解が得られるはずです。そして、質問やコメントを直接著者まで送っていただければ、できる限りご返事いたします。

納め口上として、少しだけ個人的な経験を紹介させていただきます。学生さんから、“今の道に進むようになったきっかけは何ですか”と質問されることがあります。返答に苦慮していると、“やはり公務員は安定しているからですかね？”と矢継ぎ早に聞いてくるので（そんな風に見られていたなんて、とブツブツ言いながら）、地球科学者を志すきっかけとなったエピソードを紹介しています。“昔～昔～、テレビでコスモスというドキュメンタリーをやっていました。そこに登場して地球の壮大なドラマを解説するカール・セーガン博士（天文学者・作家）を見て、地球を語る学者ってかっこいいと思ったのがきっかけです”。説明を聞いた学生さんはきょとんとしています。それもそのはず、日本の科学番組では、MC にタレントやキャラクターの登用ばかり。科学者が仕切るサイエンス・ドキュメンタリーにお目にかかることはありません。そもそも私自身はかっこいい学者などと思ったこともないので、原体験を紹介します。“中学生の頃、親に連れられてオレゴン州のクレーターレーク国立公園を旅したんだよ。ここでキャンプしたんだけど、体感した大自然にすさまじく感動して、自然地理が勉強したくなったんだよね。それが幸運にも今の職業につながっているんだよ”。しかし、キャンプの経験などだれにでもあるはずです。つまり､私に特別皆さんと違ったモチベーションがあったわけではありません。それでもとりあえず今の職業を続けてこられたのは、フィールド活動から得られる**セレンディピティ***のおかげだと思っています。必然的に仕組まれた楽しみが蔓延する世の中で、自然の中で遭遇する“偶然”から様々なエビデンスを自分なりに発見する楽しさは自然科学の探求に結びつきます。本書でも、この楽しさがなるべく伝わるように書きましたが、皆さんに通用するかどうかはちょっと心配です。

ドローンによる空撮や CG による可視化により、激動する地球の姿を現場に行かなくてもだれもが目にする世の中となりました。数値モデルにより複雑に関係しあう相互作用が表現され、コンピューターによる様々な感度実験から関係性を定量的に理解することも可能となりました。一方で、専門家しか理解できないモデルのブラックボックス化・複雑化が進み、現象が織りなす相互作用の存在を豊富な経験で読み解ける研究者も少なくなりました。さらにコロナ渦や紛争の影響で自由な国際交流の場に暗雲が立ち込め、海外の学術調査も制約事項が多くなりました。しかし、自然の営みは人間の営みとは裏腹に決して途絶えることはありません。地球は刻々とその姿を変えています。そして、賢い人類が今以上に新しい形で様々な交流を再開する日も近いと感じます。そんな時に、本書の一部が脳裏をかすめ、現場での発見や苦労が物事の発想の転換や（人も含めた）相互理解の促進に大きく影響することを思い出してほしいと思います。そして、旅先で、あるいは山を歩いてる途中に、その時その場所の天候の成り立ちを想像してみてください。新たな価値観が生まれるかもしれません。皆さんも、自然を冒険する旅に出かけてみませんか。

“自然地理を勉強したかった”と書きましたが､正直なところ､大学で教わった内容は微妙にずれていました。当時の教科書は一見すると博学的・やり方論的なものが多く、理論に関しては地球物理の教科書を斜め読みしていた気がします。開講されている実習や野外実験はどれも楽しく臨場感があふれているのに、なぜ理論と頭の中で乖離してしまうのか。気候学に関しても、当時の日本の地理学では､地域固有の風土（Climate）が景観や人々の営みを規定している、という一方通行の概念が根底に流れており、気候そのものが変化することで生活・社会基盤が変化し、人間活動もまた気候を変えているという考えに至りませんでした（自分の勉強不足も要因でしたが……）。そんな中で、当時、大学でご指導いただいた吉野正敏先生（当時､筑波大学）に初めて中国に連れて行っていただき、海を隔てた隣国の自然や人々の生き方がこんなにも日本と違うかと身をもって体験しました。その後、安成哲三先生（当時、筑波大学）にはネパールヒマラヤへの門戸を開いていただき、気象学だけでは閉じないモンスーン気候の奥深さを知り、それに関わる様々な分野の人と関わることができました。山田知充先生（当時、北海道大学）には海外でも通用するフィールド調査の原点を厳しく教えていただきました。さらに、小池俊雄先生（当時、東京大学）が実践する現場での適切なオペレーションに圧倒され､様々な海外プロジェクト参加にお誘いいただいたことで、学際研究の在り方を学びました。これらの経験から、大気と陸面の織り成す相互作用こそが地域特有の景観や風土を作り上げている、という意味で自然地理の神髄ではないかと思うようになりました。これが、執筆に至った大きな動機付けとなっています。

第 1 章、第 2 章で取り上げたヒマラヤにおける氷河研究やチベット高原における気象観測は、GEN、CREQ、GAME および CEOP、CEOP-AEGIS といった国際共同研究の一貫として実施され、当時の文部科学省科研費・EU-FP7 および JICA などによる研究補助金が充填されました。私は、各プロジェクトに現地観測を行う一研究者として参加したに過ぎませんが、上記でお名前を挙げた先生以外にも、プロジェクトを立案・指揮した多くの先生、先輩方から沢山のことを学びました。中国科学院・気象局やネパール水文気象局・カトマンズ大学をはじめとする海外のカウンターパートの皆さんには大変お世話になりました。第 3 章で取り上げた中部山岳域の観測に関しては、筑波大学山岳科学センター・JALPS プロジェクトの一環として実施した内容と、研究室の多くの優秀な学生さんが手掛けた博士・修士・卒業研究の内容が含まれます。観測は1人ではできません。本来ならこれら皆さんのお名前を挙げるべきですが、ここでは一括しましてお礼を述べさせていただきます。本当にありがとうございました。

出版にあたっての謝辞

本書をまとめるにあたり、筑波大学出版会の多大な支援を受けました。

執筆にあたっては、小池俊雄先生（国立土木研究所）、藤波初木さん（名古屋大学）、杉本志織さん（海洋研究開発機構）、唐木達郎さん（筑波大学）、白岩孝行さん（北海道大学）に内容の確認をお願いしました。中村洸貴君（筑波大学）、北澤一真君（青山学院高等部）にはコメントをいただきました。藤田耕史さん（名古屋大学）、杉本志織さん（海洋研究開発機構）、加古祐貴君（筑波大学）、JP Lama 氏（Gide for all season）には図や写真を提供していただきました。ここに御礼申し上げます。

Welcome to the world of land–atmosphere interaction in the mountains

Abstract

Have you ever imagined that mountain weather is strongly coupled with topography and land cover conditions? This book aims to introduce the cloud and precipitation activities in mountainous areas by means of land–atmosphere interaction for the non-professionals of meteorology who love the nature of mountains. The main stages are the Nepal Himalayas, Tibetan Plateau, and central Japan, with some topics regarding Mt. Kilimanjaro (Tanzania), Lesotho, and Yunnan (China). All of the content is based on the author's real experiences with international projects or case studies with students, and they are described as travel stories with explanations of the basic physical/geographical processes. References are cited as much as possible for readers who want to explore more specific fields. The texts are in Japanese; however, I hope readers can image the exquisite nature of mountain-atmosphere interaction[1)] by observing the pictures and figures. Perhaps it will inspire you to learn more as a professional physical geographer.

1) Ueno K., and Nakileza B., 2022: Atmospheric Envelopes and Glacial Retreat. In: Sarmiento, F.O. (eds) Montology Palimpsest. Montology, vol 1. Springer, Cham. 506 pp. https://doi.org/10.1007/978-3-031-13298-8_10

Contents

Prologue

Chapter 1　Rain in the Nepal Himalayas

- Encounter with the Himalayas
- Rainy Kathmandu
- Rain measurements in the mountains
- Flying in the clouds
- The nature of nocturnal rain
- Toward long-term climate monitoring
- < Column 1　Lesotho as a water division of the Pacific and Atlantic >

Chapter 2　Clouds and precipitation in the Tibetan Plateau

- The function of air pressure
- Journey to the plateau
- The world's first Doppler Radar observation
- Rain that does not reach the ground
- Where does the water come from?
- Winter in Tibet
- < Column 2　Going to Mt. Kilimanjaro—efforts to coexist with mountain environments >

Chapter 3　Forests and snow cover in the mountains of central Japan

- Is mountain weather changeable?
- It was the ice needle
- Forest phenology and the cold-air pool
- Wetting powder snow cover
- < Column 3　Fog in Yunnan and a sea of clouds in Japan—destiny of inspiration >

Epilogue

用語集

アースハンモック　凍結融解により生じる地形(構造土)の一種。小さなドーム型の形状が特徴的です。

ジャイアント・セネシオ　キク科の多肉植物。2～5 m にも伸び、頭部が大きく成長して特有の形状を持ちます。

アメダス　気象庁が全国に約 1300 箇所配備している地域気象観測システムの通称。英語の Automated Meteorological Data Acquisition System を AMeDAS と略して呼んでいます。

アルベド　日射が反射される割合（反射率)。地上では雪面が大きなアルベドをもたらしますが、宇宙から見ると雲の存在が大きなアルベドを生じています。

ガストフロント　積乱雲から落下する降水粒子とともに生じる冷たい下降気流が、地上で小規模な前線を形成したもの。突発的に生じ、航空機の離着陸に甚大な障害を及ぼすことがあります。

海風前線　海面と陸面の温度差を原動力として、海から内陸に吹き込む海風に伴う局地的な前線。前線上では雲が列をなして見えることがあります。

気温逓減率　空気の塊を断熱的に持ち上げると、気圧、湿度に応じた気温の低下率（断熱減率）が物理的に求まります。一方で、標高に応じた地上気温の低下率を気温の逓減率と呼びます。本書で述べているように、山岳域の地上気温は大気と陸面の両者の相互作用により決まりますので、逓減率は地域や平均期間に応じた経験的な値となります。

気象レーダー　レーダーとは、電波を対象物に照射し、反射波から対象物の位置や方向を測定する装置。その中でも、降水活動を検知するために使われるものを気象レーダーと呼びます。使用する電波の種類・組み合わせによって、観測対象や範囲が変化します。

逆転層　気温が高度と共に高くなる気層。一般に、気温は高度の増加とともに低下しますが、放射冷却により地上付近の気温が下がったり、寒冷な気層が流れ込んだり、高気圧性の下降気流が卓越すると、逆転層が生じることがあります。

降水形態(こうすいけいたい)　降水の形態には、液体降水(雨)、個体降水(雪や霰)、そして0度以下ですが液体として降る着氷性降水があります。地上における降水の形態は気温と共に相対湿度にも影響され、乾燥した大気中ほど落下粒子が蒸発して低温に保たれやすく、個体降水として降りやすいと考えられています。

湖陸風(こりくふう)　湖の周辺で湖から陸上（またはその逆）に吹く特徴的な風。海陸風のように、湖面と陸面での熱容量の違いにより日周期を伴い吹く物理的な原理が考えられがちですが、日本では多くの湖が盆地内に位置するため、盆地地形そのものが生み出す局地循環の一環である可能性も考えられます。単純に風向が湖から吹き込む風を“湖風”と呼んでいる地域も多いようです。

混合層(こんごうそう)　大気境界層のうち、熱的な対流により主に日中に発達する層。

積雪水量(せきせつすいりょう)　積雪をすべて溶かした時の水深（単位はmm）。冬季山岳域の水資源算定に用いられます。

視程計(していけい)　レーザー光を照射し、近傍の大気からの散乱または減衰情報から視程距離を自動的に測定する測器。空港や高速道路に設置され、霧や靄の発生をモニタリングするために用いられています。気象庁では気象官署にて従来から目視で視程観測を実施してきましたが、近年は視程計による自動観測に置き換えられつつあります。

小気候(しょうきこう)　小規模（水平的には数10 m～数10 km、鉛直的には数10 cm～約1 km）で形成される気候。

擾乱(じょうらん)　大気が乱れる現象を総称で“擾乱”と呼ぶことがあります。乱流による渦から、低気圧や前線、台風なども含みます。

数値モデル(すうち)　大気の運動やエネルギーを司る支配方程式で組まれた数理模型(モデル)。大気に関してはスケールによってメソモデル・全球モデルなどと呼ばれることもあり、大気以外の系も考えた大気海洋結合モデル、陸面モデル、積雪モデルなどもあります。プログラミング言語で記述されています。

セレンディピティ　思いがけない偶然から幸福を得たり価値のあるものを発

見する能力。

総観規模　気象のスケールのうち、天気図に示される数 1000 km・数日規模を示す用語。雲や日変化が生じるメソスケールと、地球規模の大気大循環を扱うグローバルスケールの中間に相当します。

大気境界層　対流圏の下層で海陸の影響を受けている大気層の総称。影響を及ぼす物理過程や高さに応じて、混合層、安定層、エクマン層、接地層、キャノピー層などの用語も使われます。

同位体比　同じ原子番号でも中性子数が異なる種を同位体といいます。水は相変化をすると同位体比が変化するため、降水中の同位体比を分析することで水の大まかな起源を推定できます。

根雪期間　冬期に積雪状態が連続して続く期間の通称。気象庁では長期積雪という用語で表現し、30 日以上連続している事等を定義としています。

閉塞段階　温帯低気圧の発達段階の 1 つ。皆さんが地上天気図で見かける低気圧は温暖前線と寒冷前線が描かれている場合が多いと思いますが、中心気圧が低下して閉塞前線が描かれるようになると、低気圧はそろそろ終焉を迎えていると考えられます。地上では 2 つの前線が重なってしまっているように見えますが、この時、中上層では前線上に暖気が溜まり、特有の立体構造となります。

偏差　データと基準値（例えば平均値）との差。特定の条件に限った特徴を明らかにしたい場合、注目したいデータ量から平均値を差し引いて偏差分布（時系列）を示します。例えば【図 1.11】の場合、夜雨日の任意の時刻には特定の領域で普段より湿度が高く（低く）、鉛直風が強い（弱い）といった情報が得られます。

風土　その土地の地勢・文化・気候などの総称として使われる用語。語源や地理学的解釈に関しては様々な議論がなされているので、興味がある人は各種文献を紐解いてみてください。

水収支　任意の流域内で、降水量、蒸発量、流出量、貯留量がどのようにバランスしているかを示す用語。大気中の水（水蒸気、降水、雲水など）のバランスには、大気水収支という用語を使います。

メソ対流系　複数の対流・層状雲から構成される巨大な降水雲の集団。

100 km 以上の広さに発達するものもあります。

モレーン　氷河が押し流した堆積物。かつての氷河の末端や周辺に残る丘のような地形が特徴的です。

乱流（らんりゅう）　不規則な変動を示す乱れた流体の様相。乱流でない流れの場を層流といいます。日射に伴い地上の気温が上昇する原因は、乱流に伴う渦が地面の熱を大気中に素早く拡散させるためで、いわゆる熱伝導に伴う昇温ではありません。

【著者紹介】

上野 健一（うえの・けんいち）
1963年東京都生まれ。筑波大学・生命環境系、准教授。理学博士。専門は気象学・気候学。主な執筆・訳本に、『地球学調査・解析の基礎』（古今書院、2011、編著）、『サイエンスパレットシリーズ、山岳』（丸善出版、2017、共著）、「山岳の気象・気候」（松岡憲知・泉山茂之・楢本正明・松本潔編『山岳科学』、古今書院、2020）。

ようこそ、山岳と大気がおりなす世界へ

2024年3月28日初版発行

著　者　上野 健一

発行所　筑波大学出版会
〒305-8577
茨城県つくば市天王台1-1-1
電話 (029) 853-2050
https://www.press.tsukuba.ac.jp/

発売所　丸善出版株式会社
〒101-0051
東京都千代田区神田神保町2-17
電話 (03) 3512-3256
https://www.maruzen-publishing.co.jp/

編集・制作協力　丸善プラネット株式会社

組版・印刷・製本／富士美術印刷株式会社
ISBN 978-4-904074-80-0　C1044